U0635205

罗澍伟 主编

逐水筑居舍

单琳琳—著

天津出版传媒集团

天津人民出版社

图书在版编目（CIP）数据

逐水筑居舍 / 单琳琳著. —— 天津：天津人民出版
社, 2022.10
（阅读天津·津渡 / 罗澍伟主编）
ISBN 978-7-201-18757-0

Ⅰ.①逐… Ⅱ.①单… Ⅲ.①建筑艺术 – 天津 – 图集
Ⅳ.①TU-881.2

中国版本图书馆CIP数据核字(2022)第159492号

逐水筑居舍
ZHUSHUI ZHU JUSHE

出　　版	天津人民出版社	
出 版 人	刘　庆	
地　　址	天津市和平区西康路35号	
邮购电话	（022）23332469	
策　　划	纪秀荣　任　洁　赵子源	
责任编辑	康悦怡	
装帧设计	世纪座标　明轩文化	
美术编辑	郭亚非　汤　磊	
印　　刷	天津海顺印业包装有限公司	
经　　销	新华书店	
开　　本	787毫米×1092毫米　1/32	
印　　张	7.5	
字　　数	85千字	
版次印次	2022年10月第1版　2022年10月第1次印刷	
定　　价	48.00元	

阅读天津·津渡

HOW TO READ TIANJIN
FERRY CROSSING

主编的话

罗澍伟

乘着凉爽的秋风，"阅读天津"系列口袋书第一辑"津渡"，翩然而至，饱含播种的艰辛和收获的喜悦。

天津，是国家历史文化名城，是一座因河而生、因海而长的城市。河与海，丰富了这座城市的历史与生命，让她既传统又时尚，既守正又包容，既质朴又浪漫，多元文化在这里相遇。一年四季，这座城市总是仪态万方、光华夺目，散发着永恒的人文魅力。

"津渡"，以上吞九水、中连百沽、下抵渤海的海河为蹊径，深情凝视这座城市的岁月过往，又经由现代价值的过滤，带领读

HOW TO READ TIANJIN

FERRY CROSSING

者重返时间洪流，感受津沽大地所存储的厚重记忆。十本图文并茂的普及性读物，涵盖了海河的历史悠久、运河的遗存丰厚、建筑的精美绝伦、桥梁的琳琅满目、洋楼的名人荟萃、工业的兴盛发达、美食的回味无穷、年画的意蕴深厚、方言的风趣幽默、文学的乡愁悠远。英国浪漫主义诗人雪莱说："历史是'时间'写在人类记忆中一首循环的诗。"认真阅读，既可以领略这座城市源远流长、群星璀璨的深层历史况味，又可以与这座城市异彩纷呈的多元文化来一场愉悦的邂逅。

"津渡"，配有一份精致的手绘长卷《海河绘》，以杨柳青木版年画特有的丹青点染，绘就一条贯穿"津城""滨城"的浩荡长河，上至永乐桥上的"天津之眼"，下达恢宏壮观的天津港；细致描摹两岸众多人文景观，组成了令人流连忘返的沽上美景。站在画前端详，可以直观感受到，水扬清波、直奔大海的海河就是整座城市的生命之源。

"津渡"，巾箱本，特别适合边走边读。漫步街巷与河畔，探寻蕴藏其中的城市文化精髓，可以得到一种满足、一种惬意、一种充实、一种厚重、一种遐思。在传统文化与现代精神的互动中，深入认识这座城市的文化创造力和当代价值追求，以及丰厚滋润的精神归宿，用阅读修养身心。

2019年1月，习近平总书记在天津视察时，作出了"要爱惜城市历史文化遗产，在保护中发展，在发展中保护"的重要指示。

"阅读天津"系列口袋书的出版，是传承发展中华优秀传统文化和守护城市文脉的生动体现，也是悠久历史文化与壮阔现实巨变的聚汇融通，更是深入贯彻习近平总书记重要指示精神的切实行动。爱惜和保护，让我们的城市敞开心扉，留住乡愁；创新和发展，让我们的城市充满生机，万象更新。

正是在这个意义上，热切期望"阅读天津"系列口袋书其他各辑，也能早日出版面世！

（主编系著名历史文化学者、天津市社会科学院研究员、天津市文史研究馆馆员）

阅读天津·津渡

HOW TO READ TIANJIN

FERRY CROSSING

百年营造，逐水而居

天津因水而生，"千淀归墟，百川赴壑"，因河而生，向海而兴。六百年"畿辅首邑"，天津层楼叠榭、中西合璧。无论是老城厢里鼓楼悠扬的钟声，还是五大道嗒嗒的马蹄声，都环绕着海河，余音缭绕、声声不息。

天津的建筑是错综复杂的。既有延续下来的传统样式，又有输入引进的西方样式；既有欧洲各国古典风格的西洋建筑，又有探索"中国趣味"的中式折中主义建筑。这些建筑都有一个共同的特点，逐水而筑。六百年间，海河两岸先后筑起村落和城厢，又因被辟为通商口岸而租界林立，教堂、银行、洋行、饭店等新式建筑如雨后春笋般涌现，给天津嫁接了西方城市的印记。与此同时，国人怀揣着对国家命运的担忧及对西方先进技术的憧憬，在天津开展了一场"洋务兴国"的运动，一大批中西交融的代表性建筑应运而生。海河蜿蜒，构成了天津城市的基础格局；建筑精妙，孕育了天津多元共存的城市意象。

　　天津的建筑体系庞大、形式繁杂，在中国建筑史上具有无可替代的地位。观览天津建筑，当从海河之畔的天津站出发。这是一次以海河为向导的奇妙之旅，火车站、鼓楼、会馆、教堂、银行、故居等，十二种建筑类型、二十座代表性建筑，纷至沓来，跃然纸上。

　　本书所选建筑涉及天津的古代、近代及现当代，不仅从建筑理论维度分析了每座建筑的风格特征、空间布局、立面形式、装饰纹样等内容，阐明了这些建筑在中国建筑发展史中的鲜明特色；还通过查阅和梳理文献史料、掌故、民俗，讲述了这些建筑在历史岁月中发生的故事和趣闻。此外，为使读者更加直观地感受到每座建筑的全貌，书中除配有大量精美照片外，还为每一座建筑绘制了立面图和装饰纹样，这些图片与描述对象一一对应，相辅相成，从而使每一个建筑都能更加立体地呈现出来，全方位展现天津这座历史名城的建筑魅力。

　　让我们开始这趟建筑之旅吧。沿着海河北岸信步徐行，自天津站向北，经梁启超故居前往狮子林桥畔的望海楼教堂，可以欣赏

到海河东岸最经典的建筑景观。过了狮子林桥就是天津的老城厢，这里集中了天津传统的中式建筑，也珍藏着天津卫城的旧貌。沿老城厢的商业街向东南出发，沿途可经过张园、西开教堂、劝业场、浙江兴业银行等著名建筑。之后继续东行至天津的会客厅——民园广场，其附近"五大道"有天津最为著名的小洋楼、西餐厅。再向东，一出"五大道"便能看到代表新时代建筑风貌的天津音乐厅。由音乐厅北上可至天津的老金融街解放北路，在这条贯通南北的街道上，洋楼林立，融合了中西方精粹的建筑遥相呼应、风姿绰约。再向北，是我们的终点站——津湾广场，这座兴建于21世纪的"不夜城"流光溢彩，广场上游人如织，共同沉醉在海河的波涛中。

夜晚的海河，流淌着浪漫的情调，步行河畔，所有的忙碌仿佛都舒缓下来。一座座西式洋楼的玻璃窗上，精美的花纹依然色彩绚丽，窗户里面珍藏着数不尽的故事。今天，天津依旧向世人敞开着她博大的胸怀，海河之水一边延续着历史的辉煌，一边迎接着新时代的朝霞。

单琳琳
2022年9月

目录
CONTENTS

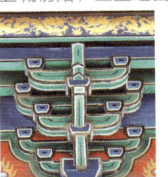

天津站
百年老站，海河梦圆

盱衡北洋形势，以大沽为京师外户……设防患其难遍，征调患其不灵，非铁路不能收使臂使指之效。

——李鸿章：《详陈创造铁路本末》

天津海河航道的中心，矗立着一组气势磅礴的建筑群，既雄浑凝重，又不失新颖明快；既是当代天津城市发展的象征，又是百年中国铁路的第一缕朝霞。天津站，民间俗称"老龙头火车

新古典主义建筑，位于天津市河北区与河东区交界的海河北岸，始建于 1886 年，1888 年通车运营。先后于 1950 年、1987 年和 2008 年进行三次改扩建。2008 年 8 月 1 日，改扩建后的天津站投入使用，现建筑面积约为 18.5 万平方米。

20世纪30年代的天津老龙头火车站

站"，是中国最老的火车站之一，也是老龙头火车站争夺战的战场。今天，这里依旧夜以继日地迎接着四海宾朋，在这些人的脚下，是中国近代"海国图梦、力求自强"的起点，是战云密布、热血山河的魂归之处。

今天的天津站是天津最大的铁路枢纽，位于河东、河北两区的交界处，与著名的解放桥毗邻。天津站始建于1886年，由清廷重臣李鸿章主持修建。那个带有多个烟囱、斜坡顶、外墙涂满紫红色的建筑，是这里的早期站房，建成后不久即被八国联军炸毁。战争结束后，老龙头火车站得以重建，新的站房是多角起脊的联排英式建筑。1911年，老龙头火车站更名为天津东站。

新中国成立后，天津东站正式更名为天津站，并于1950年进行了第一次扩建。扩建后的天津站是一座极富现代主义风格的火车站，立面造型为联排立柱、玻璃幕墙，两侧转角处略高，有五角星图案装饰。在这次扩建中，最大的工程是一个一千多平方米的候车室，为往来旅客提供便利。1987年，因客运量急剧增长，天津站在原有站房的基础上再一次扩建，这一次的扩建规划出一组庞大的建筑群，包括火车站、龙门大厦、邮政枢纽楼、世纪钟等多组建筑，并形成包括主广场、副广场、解放桥广场与子广场在内的大型城市景观带，成为集铁路、地铁、公交、出租车等为一体的大型交通枢纽。

新的天津站主建筑由南站房与北站房配合圆柱形钟楼组成，平面布局呈"Y"字形，总面积达到81000平方米。其为五层钢筋混凝土框架结构，屋面为钢网架结构，两种结构配合使用为站内创造了巨大的候车空间。高66米的

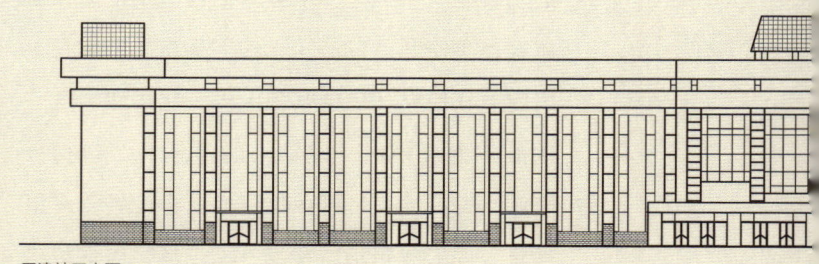

天津站正立面

圆柱形钟楼强化了建筑整体的竖向构图，是天津站主建筑的制高点。钟楼由基座与钟表两部分组成，矗立在建筑的最上方，面向海河，与对岸的津湾广场建筑群遥相呼应。

天津站的立面特色鲜明，其造型延续了天津城市的固

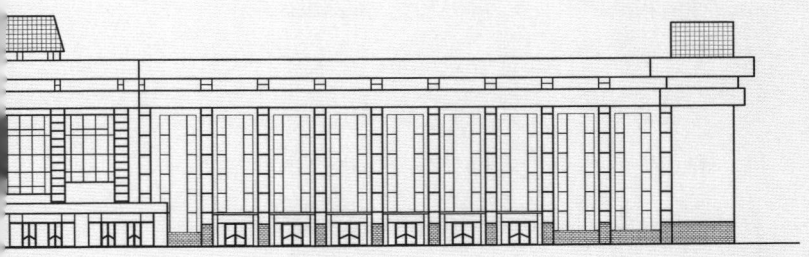

有风格，吸取了古罗马式巴洛克艺术风格，融合了现代主义的简洁造型，是传统与现代交融的完美典范。主建筑顶部呈现双层上檐结构，在造型上将主站楼左右立面巧妙地连接起来，由银白色、水蓝色作为基调，运用石材与玻璃幕墙的装

饰搭配，演绎出一座造型新颖雅致、具有时代特点的现代化交通建筑。

钟楼上方，是邓小平同志亲笔题写的"天津站"，外立面再无装饰，只有四面钟表，简洁且标志性十足。迄今为止，这座钟楼的指针依旧每天不停旋转，准确报时。

天津站内部首层为进站中央大厅，二层直通高架候车室，地下空间集中了商业设施和地铁、公交、出租车等交通进出口。车站主入口处的上方绘有大型油画《精卫填海》，乍一看与西洋教堂的壁画有些相似，但绘制的却是中国古老神话，这样的中西融汇在天津的很多建筑中都能感受到，带有明显的"天津趣味"。北站房上檐结构采取中国传统建筑"天井采光"的设计理念，设有采光带等细部，增加了视觉观感的变化层次。

天津站广场景观组群中的世纪钟

天津站的圆柱形钟楼

　　2008年，天津站再次扩建，为配合高铁的运行，建成22000平方米的高架候车厅，能同时容纳6000人候车。雨棚覆盖全部站台，南北方向共五跨，总面积达80850平方米。中国的第一条高铁（京津城际铁路）就是从这里始发，时空

交错，承载着最新科技的中国高铁，奔走在神州大地。

　　一座火车站见证了天津百年，目睹了无数人的离别与团聚，而今的天津站因科技的进步已然走在了时代的前列，显得更加自信，风采绰约。

梁启超故居
吾朝受命而夕饮冰

意大利式建筑，主楼建于1914年，面积约1121平方米；
"饮冰室"建于1924年，面积约949.5平方米，位于
天津市河北区民族路44号、46号。

梁启超故居意大利风格的主楼

　　梁启超故居由两栋意大利风格建筑组成，长方形的院落花香怡人、绿树成荫，在两栋建筑之间有一座梁启超先生的青铜雕像。梁启超，中国近代著名思想家、政治家、文史学家，在其短暂的一生中，寓居天津长达十四年，并在这个院落内度过了生命中最后的时光。光阴荏苒、百年回首，这两栋建筑与梁公笔下浩如烟海的华章巨著一起，载入海河的历史长卷中。

20世纪初的天津，名人汇集、文化纷呈，梁启超认为这里比北京更适合其施展政治理想。于是，1915年，梁启超在当时天津意租界内建起了一座洋楼，即他常说的"寓处"。这是一栋意大利风格的建筑，因在西洋形态上糅合了东方建筑意象，形成了典型的意式折中主义风格。梁启超在此投入了很大的精力，亲自参与了"寓处"的建造设计。梁启超对寓所的设计要求极为严格，标准是："要有个性，不能与其他建筑雷同；要与周围景观和谐；要兼顾艺术性和实用性。"

建筑前后共有两排，前楼为主楼，是一座两层砖木结构带地下室的洋楼。建筑平面呈长方形，外墙整体装饰细节较少，但女儿墙和柱头处都采用了当时流行的水泥"甩疙瘩"装饰工艺，极富肌理感。主楼正立面采用外廊环绕组合赤红色坡屋顶的形态，多个带有文艺复兴样式的立柱并列在廊道外侧，其多变

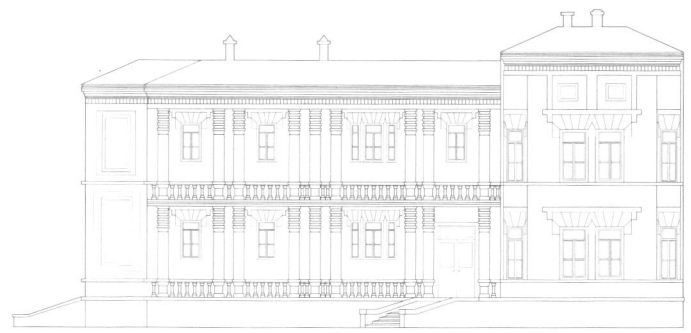

梁启超故居主楼正立面

的光影效果构成主楼立面最为精彩之处。但根据影像资料显示，早期外廊有木制窗户封闭，复杂的窗饰纹样与简洁的立面相得益彰。主楼内部两层各有9间居室，东半部为梁启超专用，有书房、客厅、起居室等。西半部是梁启超家人使用，呈并联式布局，每个房间都较小。后楼为附属建筑，为用人房和厨房所在地。在"饮冰室"建造之前，这里是梁启超工作与生活兼顾的住处。

正对南方的主楼大门阶梯

主楼在设计之初，根据当时的租界规定，建筑的正门要在面朝东南的民族路上，但中国传统建筑布局理念是大门不宜正对大路，内部的楼梯更不能被外界直视。为此，梁启超有意更改了入口处的阶梯方向，使大门阶梯正对南方，避免与建筑正立面相垂直。同时，阶梯共设九阶，呈扇形，突出于建筑主体，寓意步步高升。从这些设计细节中，我们能够看到虽然建筑样式为意式，但梁启超还是将中国传统建筑的理念微妙地表达了出来。

主楼廊道上带有文艺复兴样式的立柱

"饮冰室"是父亲写作的地方，为了不打扰他的写作，那个地方一般是不准孩子们去的。让哪个孩子到那里去，简直是很大的奖励。

——陈远：《梁思礼口述》

梁启超故居有一个独特的书斋——"饮冰室"。在梁家人心目中"饮冰室"是一个庄严而神秘的地方，在中国近代文坛上则象征着梁启超思想和学术的源所。有趣的是，这个书斋其实是先有其名，后有其楼。梁启超在年轻时就以"饮冰子""饮冰室主人"为笔名发表多篇文章。为了便于著书立说，1924年梁启超在主楼西侧建造了书斋"饮冰室"。这是一栋由建筑师白罗尼欧设计完成的意大利文艺复兴风格的两层洋楼。与主楼不同的是，这栋建筑立面采用的是对称形式，突显了书斋的严肃感。在建筑入口处，同样为避免楼梯正对大门的问题，白罗尼欧采用左右对称的弧状退缩式阶梯，台阶之上由三个半圆形的连续拱券组成门洞，将建筑入口隐藏在柱间的荫翳之中，以一精致门厅把正门与外界相隔开来，颇有中国传统书斋"书闲人静睡相寻，幽鸟时时荐好音"的意趣。

"饮冰室" 书斋入口处

"饮冰室"书斋一层的窗户

　　"饮冰室"外立面以经典的意大利文艺复兴式横线断面和花饰作为装饰，窗边立柱采用毛茛草叶雕刻纹样，宝瓶栏杆式女儿墙上耸立圆坛装饰，极具中体西用的含蓄意蕴。

"饮冰"一词见于《庄子·人间世》："今吾朝受命而夕饮冰，我其内热乎。"梁启超以此命名书斋，隐喻自己受命变法维新时内心的焦灼与急切。而在一个意式风情建筑上冠以"饮冰"二字，也隐含着梁启超对中西文化交融的深刻思考与深切期许。

　　"饮冰室"内，一排排硬木书橱、一块块藻井上的五彩玻璃，以及木制围墙上蔡锷将军的巨幅画像，无不体现着梁启超的家国情怀，将人带回"世事沧桑心事定，胸中海岳梦中飞"的年代。

"饮冰室"书斋正立面

望海楼教堂
海河之首，钟声依旧

哥特式建筑，位于天津市河北区狮子林大街 292 号，1869 年
初建，1897 年、1903 年复建，1983 年修缮至今，建筑面积
约 879.73 平方米，占地 3000 平方米，2017 年被列为中国
20 世纪建筑遗产。

在川流不息的天津狮子林大桥旁，静静地矗立着一座青砖砌筑的笔架式教堂——圣母得胜堂，民间俗称望海楼教堂，源于此处原有的皇帝行宫"望海楼"。这可能是近代中国最命运多舛的教堂了，几经焚毁，多次重建，历经百年风雨，如今依旧巍然屹立在海河之畔。它留给后世的除了那些传奇故事外，还有一座美轮美奂的哥特式建筑。

1869年，在法国神父谢福音的主持下，海河三岔口的法租界内，天津第一座天主教教堂——望海楼教堂修建完成。这座教堂的造型据说与今天的望海楼教堂很相似，只是没有角

望海楼教堂上的三对双尖拱高窗

20世纪20年代的望海楼教堂

楼。但这座教堂的存在时间还没有它的建造时间长。1870年，震惊中外的"天津教案"发生，望海楼教堂被烧毁，如昙花一现般消失在历史的长河中。

随后很长一段时期内，这里都是废墟。直到1897年法国公使施鄂兰以甲午战争战败为借口，迫使清廷重建望海楼教堂，这就是历史上的第二座望海楼教堂。我们能够在1899年的一张老照片中，看到这座在海河之畔耸立着的高大的哥特式建筑。建筑的正立面有三个尖拱券透视大门及平顶塔楼三座，塔楼呈"山"字形。与西方经典哥特式教堂

望海楼教堂现貌

塔楼侧影

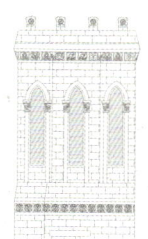

不同的是，望海楼教堂没有玫瑰窗，取而代之的是三柱双拱券窗。从老照片上看，建筑的平面应该是长方形，与文献记载的巴西利卡式建筑相吻合。建筑的一角还有一座中国传统的皇家制式碑亭，很是引人注目，这次重建后的建筑被称为中西并置的教堂。但故事还没有结束，历史总是惊人的相似，第二座望海楼教堂在刚建成不久后再次被焚毁。三年后，法国又一次利用战争赔款重建了教堂，即今天的望海楼教堂。

　　每当傍晚残阳似血，洒向教堂的斑驳光影，总是能引起路人的注目。望海楼教堂保留了西方哥特式教堂的经典外貌，但又有明显的区别，像是一知半解的孩童，懵懂间绘出别样情趣。教堂的平面为巴西利卡式三通廊，呈长方形，教堂总长51.24米，正面宽16.52米，建筑面积约为879.73平方米，可同时容纳近千人。教堂坐北朝南，正立面最高

拱券长窗细部

望海楼教堂高耸的塔楼

处有12米，为石基砖木结构。与哥特式建筑的双塔不同，望海楼教堂中央高耸，呈塔楼状。有趣的是这个平顶塔楼，可以遥望海河，好像与那个乾隆皇帝登楼远眺的"望海楼"有了叠影。两侧配有城堡式的塔楼，如同中国毛笔架的形状，三角形的结构形成一种稳定的均衡，直刺苍穹。入口两侧设有扶壁将教堂分割成三段式构图，自下而上分别为三个尖拱束柱大门，三对双尖拱高窗顶起一对圆窗，一对双尖拱高窗配合中央一个圆窗支撑起最高的塔楼。所有的券都是尖的布局，几次反复叠加形成视觉张力，突出了凌空向上的动势。

望海楼教堂是哥特式建筑在东方的一次革新。它的侧墙没有飞起的扶壁，取而代之的是大面积的华丽二圆心尖券，并嵌有圆形玻璃的高侧窗。这样的高侧窗也采取了中西结合的新颖构图，在尖拱之上是青砖砌筑的中国传统镂空栏杆。这种栏杆在正面最高塔楼顶端也有，形成类似女儿墙的檐部。望海楼教堂是清水砖墙面，墙面的华丽腰线是带有中国传统吉祥图案的砖雕，木屋架，轻屋盖，支柱较细。除中间塔楼外，大部分建筑为两层。塔楼的顶部有八个兽头，方便下雨时能及时排水。雨量较大时，水从兽头口中涌出，很是壮观。

圆窗细部

教堂内部纵向两排柱子形成三通廊广厅室，中廊稍高，侧廊次之，无隔间与隔层，内部地面砌有黑白相间的瓷制花砖。暴露在外的肋骨架的结构，条理清晰，通过束柱形成两种动势，一种导向祭坛，一种与肋骨拱连成向上升腾的动势，造成强烈的垂直效果。中央塔楼正厅东西侧各有八根圆柱，支撑拱形大顶，双侧墙面几乎全部开窗，但没有使用彩色玻璃拼图，因此室内光线充足。北部尽端为圣母玛利亚的主祭台，左右分别是耶稣像和鞠养像。另外，整个建筑的顶部和壁面都设有彩绘或悬挂耶稣受难图。

建筑是一种语言。比语言更加直观的，是其巨大的视觉冲击力。望海楼教堂在彰显西方哥特式经典建筑成就的同时，如同哥特风格"世俗与宗教力量对抗的完美表现"一样，陈述着东方对抗外来文化的史诗级壮举。今天的望海楼教堂钟声依旧，这座古老的建筑寂静地耸立在海河之畔，伴随着繁华的城市，一起书写新的篇章。

望海楼教堂外立面

鼓楼
卫城初始，三宝之首

仿明清建筑，位于天津市南开区鼓楼北街 1 号，始建
于 1493 年左右，1921 年重建，1952 年拆除，2001
年重建至今，面积约 729 平方米。天津卫三宗宝之一。

高敞快登临，看七十二沽往来帆影；繁华谁唤醒，听一百八杵早晚钟声。

——梅宝璐

中国的"城"与西方不同，一般画地为庭，建四方城池，且城中必有钟鼓楼。天津卫也是这样的中国典型传统城池。天津人习惯将海河之畔呈"厢"字形的古城池称为老城厢（其实叫"算盘城"更形象立体）。翻看老城厢的图纸，在四方城池的中心是一座飞檐高楼，这便是天津卫的鼓

鼓楼窗户上的三交六椀菱花槅心花纹

楼了。这种布局严格遵循了中国古制营造的规划方式，沿鼓楼呈十字交叉连接着四个城门的大街，突显了整个城池的最高建筑——鼓楼的中心地位。

关于天津鼓楼的记载，最早可以追溯到明朝。《天津卫志》中记"钟鼓楼在城中十字街"，这是关于鼓楼的最早记录。但也有另一种推断，《沽水旧闻》中记"鼓楼一作古楼，建筑远在辽金间……后乃迎楼筑城"，即先有鼓楼，后有城池。无论哪个记载都说明鼓楼是海河流域内最早的标志建筑。它屹立在海河已有几个世纪，当时的鼓楼高三层，为砖城木楼，楼基是砖砌的方形墩台，四面设拱形穿心门洞，上面木楼阁为三开间重檐歇山顶，上覆筒瓦走兽，造型稳重大方，飞檐翼角形态优美，据说当时站在鼓楼上可以一览海河之秀丽。

这座鼓楼是天津卫六百年"畿辅首邑"的见证，也经历了天津近代悲壮的开埠历程。1900年八国联军入侵天津，拆毁了老城厢的城墙，鼓楼虽得以保留，但因战乱而日渐破损颓败，直到1919年被迫拆除。1921年民国政府在原

1921年重建的鼓楼

鼓楼的斗拱颜色为蓝色和青绿色，与门窗的红色形成鲜明对比

来的旧址上重建鼓楼。新的鼓楼"碧瓦丹
楹"，与原鼓楼相比，在形式和细节上
都做了很大的调整，增加了砖城的尺度，
加大了木楼的脊宽。在老照片中我们能
够看到方城上的木楼依然是重檐歇山顶，
飞檐上仙人走兽等级较高，与原鼓楼相比
显得雄壮精致。新鼓楼建成后，书法家华
世奎重书先贤对联挂于原处，并作鼓语，
附记楹联之上。新中国成立后，随着天
津城市规模不断扩大，老城区需要道路改
造，1952年鼓楼被拆除。直到2001年，天

津老城厢进行危房改造，鼓楼有机会再次重建。重建后的鼓楼依旧保持原鼓楼的形制，但体量增大很多，形制宏伟，色彩典雅，充满着古典的津门意象。

天津鼓楼还有一个奇妙之处，有"钟"无"鼓"，据说之前是有鼓的，相传乾隆皇帝出巡到天津时，觉得鼓声扰民，便只留钟而去鼓。据说当时的鼓楼中央是空的，风往上面拔，拢音，所以钟声传得很远。在天气晴朗时，鼓楼的钟声能直达30千米外的杨柳青。

今天矗立在鼓楼商业街的高大城楼依然是天津的标志性建筑。这是一座仿明清建筑，在平面为27米×27米正方形的

2001年在旧城遗址兴建的新鼓楼

鼓楼牌坊的旋子彩画

砖砌方城上，耸立着一座传统三开间重檐歇山顶的木构架建筑。城楼高27米，是9的三倍数，映衬传统文化中"9"是阳数之极，寓意吉祥。建筑台基部分是由砖石堆砌的须弥座方台，方台之上是木构架三开间周围廊建筑，檐下设有斗拱，屋顶两侧形成三角形山花，山花图案精美、色彩绚丽。山面有博风板，山花从山面檐柱中线向内收进。瓦作的型制为"大式"，灰色筒瓦，绿琉璃券边，屋脊上有吻兽装饰。屋檐下的彩画为殿式旋子彩画，窗户为三交六椀菱花槅心花

鼓楼屋脊上的吻兽

鼓楼的檐下设有斗拱，彩画为殿式旋子彩画

纹，色彩典雅、纹饰细致。

建筑方台上窄下宽，并且方台四面皆设有拱门，拱门之上各安装有一对龙头石刻，为城楼排水使用。雨量较大时，水从龙头口中涌出，很是壮观。拱券样式为明式七券七伏锅底券，内嵌金钉大红门，可通向城中东、南、西、北四方。四座拱形门洞上方，用汉白玉石镌刻着鼓楼匾额上的"镇东""定南""安西""拱北"字样。鼓楼的寻杖栏杆由汉白玉制成，使得青砖碧瓦、油漆彩绘的建筑如同在祥云之上。

今天的鼓楼巍峨高耸，迎八方来客；钟声悠远，送四海宾朋。鼓楼高耸，衙署林立，寺庙杂陈，商贾云集，民杂五方，熙来攘往，繁盛异常。在那个还没有开埠的岁月中，天津卫已然是"名虽为卫，实则即一大都会所莫能过"。

鼓楼外立面

天津广东会馆
故园可待成追忆

现为天津市戏剧博物馆，中国传统岭南风格建筑，位于天津市南开区城厢中路与鼓楼东街交汇处。1907年建成，1985年大修，建筑面积约1461平方米，是我国现今保存最完整、规模最大的清式会馆建筑之一。

戏楼中间的"天官赐福"半镂空木雕

　　在天津鼓楼商业街，有一个精致而厚重的传统庭院建筑——天津广东会馆。这是中国近代最著名的会馆建筑之一，承载了岭南粤商在北方商业中心的兴衰际遇。自古以来，天津因临河靠海的独特位置，成为中国北方重要的贸易枢纽地。"晓日三岔口，连樯集万艘，普天均雨露，大海静波涛。"这首诗细致入微地描写了天津海河之畔的商贸景象。在众多商人中，羁旅津门的粤商人数庞大，人员、货物在津难以安顿。1903年，旅津广东人士唐绍仪为了联络乡情，倡议集

广东会馆主入口

资筹建广帮会馆，在津粤人及商号无不积极响应。会馆在买办梁炎卿的主持下筹建，1907年会馆落成，取名"广东会馆"。

广东会馆选址在天津老城厢的鼓楼南大街原盐运使署旧址上。从外观上看，其在建筑形态和空间布局上遵循了北方四合院建筑的特点，气势宏阔，设计精良。整个建筑融合了我国南北两地的传统建筑设计手法，瓦顶和墙体为北方风格，内檐装修又具有岭南特色，其规模和豪华程度位居天津各省会馆之首。

广东会馆主要由门厅、正房、配房、回廊及戏楼组成，在会馆东南面还修建了景色清新幽雅的南园。南部为四合院，北部为戏楼，东西两侧为贯通南北的箭道。整个会馆是砖木结构，建筑施工极为考究，院外以青砖墙封护，内为全木结构，所用砖瓦木料多从广东购买。大门外雄踞狮子一对，大门内是一个镂空雕花木制屏风。刻有"岭渤凝和"的匾额挂于正厅檐下，以示岭南粤商与渤海之滨民众的和睦关系。会馆的山墙为马头墙式，屋顶正脊添加装饰，如中门顶部的宝顶。建筑构架采用了南方月梁的做法，用桁架式预制弯曲木条与顶部两根小梁相结合，二者与月梁一同支撑着顶部的荷载，并且月梁覆有精美的深浮雕纹样。

广东会馆在内部装饰上整体呈现精巧与细致的南粤风格。会馆的主要建筑是戏楼，它坐南朝北，占整个广东会馆建筑面积的三分之二，是一座可容纳七八百人的木结构室内剧场。楼内的戏台为两层带屋顶的合院，戏台约70多平方米，南北向用两根21米长的平行枋、东西向用19米长的额枋围合成一个闭合的空

造型圆柔秀美、有南师纹样的戏楼舞台顶部

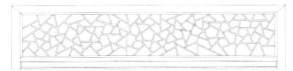

间。戏楼舞台中间镶嵌着极富岭南特色的 "天官赐福"半镂空木雕，花纹细腻，雕工精湛，线条浑厚有力、顿挫有致。戏楼舞台有南狮纹样，造型圆柔秀美，富有动感变化，寓意着财源滚滚、蒸蒸日上。会馆的冰凌花图案中看不到梅花的踪影，这是为什么呢？讲究意头和风水的粤商心中普遍存在迷信意识，非常忌讳"没"字，而"没"字的发音与梅花的"梅"字相同。因此，建筑的装饰就去掉了"梅花"这个元素，只保留了"冰裂"的纹样，形成了一种只取吉祥寓意的做法。

戏楼顶部是南方地区常见的圆形藻井，重约10吨，玲珑剔透、金碧辉煌。因为圆形藻井对声音的聚拢作用较好，是南方地区传统戏台经常使用的顶棚设计形式。而广东会馆中的藻井艺术，也为处于京津地区的建筑构件增添了一份特殊性。它用数以千计的变形斗拱堆砌接榫而成，沿螺旋状向上堆砌至藻井中心，把拢音、扩音的效果发挥到极致，使表演者的声音更加丰厚饱满，达到余音绕梁的效果。这种设计在我国古代舞台设计史上是独一无二的。

天津广东会馆除从事商业活动外，还承接了很多社会活动，奠定了其在近代史上不平凡的历史地位。1912年，孙中山曾先后两次在广东会馆宣传革命，并发表著名演讲《我中国四万万同胞同心协力，何难称雄世界》。1919年，邓颖超携天津爱国女界同志会在此演出话剧《安重根刺杀伊藤博文》。1925年，天津总工会也在此举行成立大会。作为著名的精品木构架建筑，广东会馆更是很多民国题材影视剧的拍摄地，《金粉世家》《蓝色妖姬》《走向共和》等纷纷来此取景。昔日门庭若市的广东会馆现在已经成为戏剧博物馆，人们在这里游览之时，是否会想起曾经旅居天津的广东人创业的艰辛？

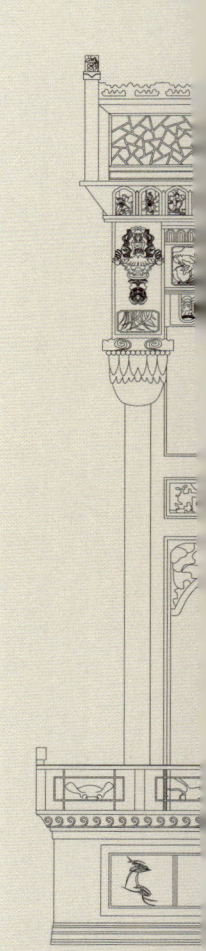

天津广东会馆戏楼正立面

张园
百年沧桑，风雨兼行

　　"近代中国看天津，百年天津看张园"，在中国近代历史中恐怕再没有哪个建筑能有此殊荣了。这到底是怎样的一座建筑，如此传奇？意大利文艺复兴式的二层洋楼，红砖黛瓦，塔楼尖耸，这便是张园。仅从外观上看，并没有哪里能映射出张园的特别，而一旦踏入它所在的那条幽静而狭窄的街道，便能豁然开朗了。张园是天津鞍山道上最为气派精美的建筑，这里曾是天津日租界的宫岛街，如果说解放北路是近代天津的"华尔街"，那么，这里就是"唐宁街"了。

原名露香园，重建前为西洋古
典主义建筑，重建后为意大利
古典复兴建筑，位于天津市和
平区鞍山道 59 号，现为天津
市军事管制委员会和中共天津
市委旧址纪念馆。始建于 1915
年，1935 年重建，现建筑面
积 2375 平方米，为全国重点
文物保护单位。

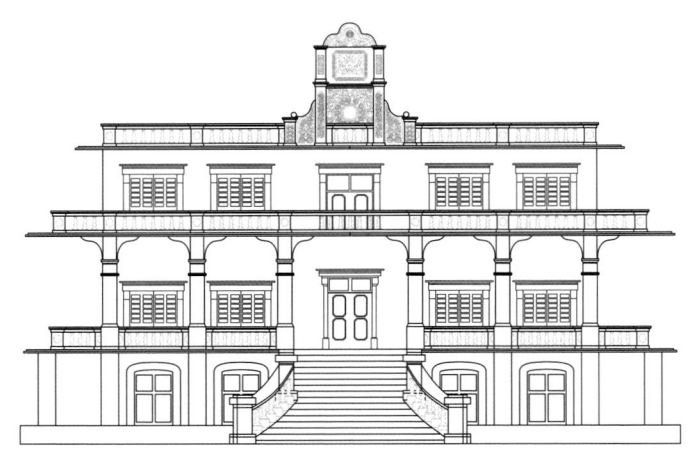

平远楼外立面

　　1915年，清代第八镇统制张彪在天津的宫岛街修建了一幢砖木结构、西洋古典风格的豪华洋楼——平远楼。该楼周围设置了经典的传统园林，长廊围绕，花木繁盛，土石假山，翠竹摇影，景色轩敞清秀。洋楼位于园林中央，坐东朝西，坡形瓦顶，西式拱券前廊，十几层高坡台阶，外形华丽精致。楼内的装饰中西合璧，屋内空间奢华舒适，与后楼平房相连形成的"丁"字形客厅，是该楼主要的会客场所。据史料记载，平远楼一层前部为客厅及餐厅，后部为卧室；二层西部为主卧及小客厅，东部为次卧与饭厅。

1925年因溥仪入住，张彪增建三层，配有逊帝专用的饭厅、游艺室及客厅。据说张彪还曾将此园租给外地商人，开办游乐场，所以张园还有一个浮艳的名字"露香园"。当时这里开设了餐馆、剧场等，一度与对面的"大罗天"一道，成为当时著名的游乐场。

　　1924年，孙中山先生在津期间曾下榻此园，并在当时的平远楼前大台阶处合影留念。不知是巧合还是有意为之，几个月后溥仪来到这里时，住的竟是孙中山先生住过的房间。正是这两位中国近代史中重要人物的旅居，将张园推进了时代的浪潮中。

20世纪50年代的张园

　　有一座天津人称之为八楼八底的楼房……张园对我来说，没有紫禁城里我所不喜欢的东西，又保留了似乎必要的东西……远比养心殿舒服。

———溥仪：《我的前半生》

　　溥仪记忆中的张园是门庭若市、盛极一时的，加之清廷遗老遗少敬献的稀奇时尚物品和西化的生活，竟让年轻的溥仪生出了飞鸟归林般的自由惬意。但今天的张园与溥仪记忆中的那个八楼八底的楼房并不是同一座建筑。因为地处日租界，1935年这个园子被川岛芳子强行购买，拆除重建，成为日本军官和特工的住所。为什么要拆除原有建筑？我们并没有找到正式的记载，据说是因川岛芳子不满原有张园的建筑风格，执意重建一栋具有威严感的

红墙黛瓦映衬下的方形窗户

张园拱券窗的装饰细部

建筑。于是有了现在这栋意大利古典复兴风格的建筑，即新张园。

重建后的张园，是一栋砖木混合结构的洋楼。主体为二层，设有地下室，平面呈"L"形，一层附有大型会议室，二层有多处室外平台。建筑立面采用非对称的构图，转角处有强调竖向动势的尖顶塔楼，塔楼为哥特风格的西方城堡造型，统领整个建筑的天际线。张园立面虽然简洁，但建筑空间进退变化形成的光影效果配合红墙黛瓦、拱券式和方形的彩色门窗，以及窗边的罗马立柱等装饰元素，构成了十分醒目的建筑造型。

经多次整修后的张园

张园的入口门厅是这个建筑最具日本风格的地方，这种
近正方形的三面开圆拱券门洞，是日本近代建筑常用的入口
形式。除了入口处，在屋顶结构上也隐藏着日本近代建筑的
常用手法。今天，这里还特意于楼内开口，展示着采用一榀

二层室外阳台入口

伞状屋架结构

桷整齐的三角形封闭式桁架形成的国王柱桁架。这种结构由一条下弦、两条上弦与腹杆三部分组成，在结构处还有日本常见的宝形造样式，在中国称之为"攒尖"。其以八角莲花柱造型为底，腹杆与弦杆相交，形成稳定状态，伞状屋架将顶部集中于一点形成宝顶。重建后的张园无论是建筑的外形还是空间布局，都呈现出西形东韵的设计理念。

今天的张园作为纪念馆，完好地保留了建筑的原貌。楼内一层为1949年大事展览，二层是溥仪和孙中山居住展览区，以及日占领期间室内的装饰面貌。楼内部空间规整严肃，只有门窗上透明纹理、浅绿色花纹的彩色玻璃十分活泼灵动。

百年沧桑，风雨兼行。张园凝视着近代国人"捐躯赴国难"的悲壮，也聆听着乱世华歌。

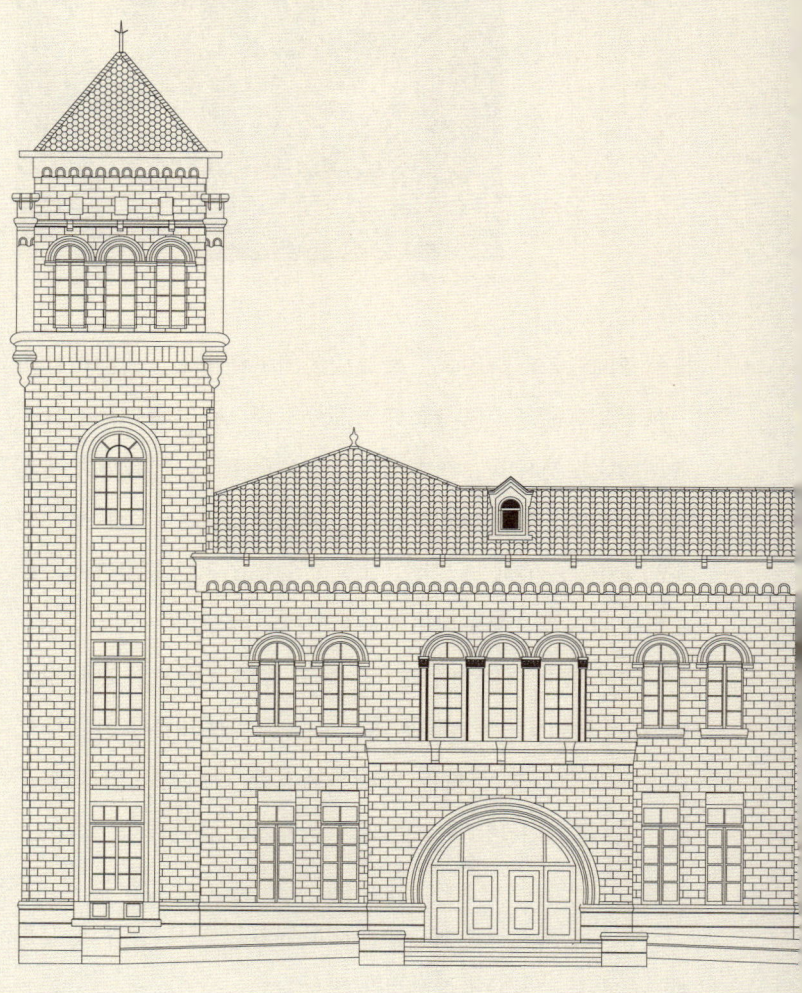

张园正立面

西开教堂
东方的罗曼变奏曲

　　天津最为繁华的商业街滨江道，东起津湾广场，一路向西，沿途现代化的摩天大楼和近代洋楼交替耸立，如同一首交响乐跌宕起伏，在尾声处，一座耀眼的教堂独领风骚，这就是西开教堂。当我们置身于人头攒动的滨江道时，远远便能望见这座宏伟华美的建筑。

　　西开教堂是天津近代建筑的一件杰作，也是中国最为著名的教堂建筑之一。这不仅是因为西开教堂的历史价值，而且就建筑本身的艺术成就而言，它也可以说是享誉海内外了。20世纪初，天津的天主教教堂仅有望海楼教

罗曼式建筑（又称罗马式建筑），位于天津市和平区西宁道，1913 年 8 月动工，1916 年 6 月竣工，教堂高 45 米，建筑面积 1585 平方米。2018 年 11 月入选第三批中国 20 世纪建筑遗产。

堂和紫竹林教堂两座，由于体量过小，已不适应当时教会发展需要。1912年，梵蒂冈教廷决定在天津设立代牧区，首任主教杜保禄在法租界西南角的老西开兴建了这座教堂。1916年，崭新的西开教堂正式竣工，形成了包括医院、学校等附属建筑在内的一大片教会建筑群，仅教堂的建筑面积就达到了1585平方米，可同时容纳1500人。

西开教堂的建筑形式属于法国中世纪的罗曼式风格，又称为罗马式风格。与意大利佛罗伦萨的圣母百花大教堂风格相似，但与之相比，西开教堂又有自己独特的、东西文化交融的创造性探索。与欧洲的罗曼式教堂不同，西开教堂的外

西开教堂细部

俯瞰西开教堂

形以西方和东方建筑形制交替呈现，演绎出一首混合繁杂的变奏曲，反映出当时西方的建筑师对地中海东部和东方建筑文化的努力学习和探索。

西开教堂布局采用南北轴向，面朝东北方向，正对滨江道。建筑平面呈拉丁十字形，教堂内部空间采取三通廊巴西利卡式。

中厅与半圆形后厅由东西耳厅衔接，形成"十"字形，与传统的拉丁十字平面不同，西开教堂的横厅较宽，形成近似正方形的圣坛空间。唱诗台上方有巨大的穹顶，形成穹顶覆盖下的竖向构图，穹顶与肋拱顶的组合，使教堂的中厅产生了微妙的韵律变化。中央的穹顶通过八角筒壁形的鼓座与支撑拱券柱的四根廊柱相连。八角筒壁形的鼓座空间装饰有梅花形的彩绘图案，与彩色玻璃窗的光影一起构成五彩斑斓的神圣意境。

西开教堂主入口

西开教堂内巨大的穹顶

教堂正立面是对称的，由向上退台的扶壁柱分割为纵向三段式，两侧有四角形基座的圆形鼓座穹顶塔楼和后部八角鼓座的大型穹顶塔楼。西开教堂气势宏伟，建造精致绚丽，尤其突出的是建筑制高点由两座塔楼上的穹隆组成，外表覆盖鳞状铜板，曾经是金碧辉煌的，现在呈青绿色，与红黄相间的建筑墙体相得益彰。主入口门运用连续渐变的多层券柱式结构，层层递进，主次分明，加上左右四个圣徒雕像，共同构成了西洋教堂传统透视门的效果。主入口门的上方是一个巨大的三孔半圆形拱窗，拱窗上用彩色玻璃绘制的巨大的圣若瑟彩画，充满着浓厚的宗教气息。建筑外檐由圆形和列柱券形窗组成的多个半圆形拱券相连而成。教堂的外墙由红黄相间的清水砖构成横向条纹装饰，不加粉饰，表现出材料本身的质感，与以伊斯兰建筑为代表的西亚传统建筑的处理方式相似，同雕塑感极强的欧洲传统教堂形成鲜明的对比。建筑是凝固的音乐，这句话在西开教堂的节奏变化中得到了生动的诠释。

由红黄相间的清水砖砌成的外墙

　　跨越了一百一十年风雨的西开教堂，依然矗立在海河之畔，凝视着这座城市的日新月异。今天的西开教堂依旧华灯璀璨，人们来到这里抚慰心灵的同时，也惊叹这座建筑史诗般的艺术成就。

西开教堂正立面

劝业场
劝业之心，百货龙头

折中主义建筑，法国建筑师保罗·慕乐设计，位于天津市和平区和平路与滨江道相交处，1928 年建成，1992 年扩建，总面积达 5 万平方米，营业面积达 3.6 万平方米。

> 故物贱之征贵，贵之征
> 贱，各劝其业，乐其事，若
> 水之趋下，日夜无休时。
>
> ——《史记·货殖列传》

　　今天的人们对于"shopping mall"并不陌生，超大型综合购物中心，一站式体验空间，拥有最新的消费娱乐和时尚的创新设计，这种商业模式遍及世界各地，是当代都市文化不可缺少的内容。而早在九十四年前，天津就已经出现了这样的商场。缔造这个商业传奇的人名叫高星桥。这个铁匠出身的南京人，在20世纪初的天津无人不知。

　　1928年12月，一条消息轰动津门。"法租界梨栈大街九层楼高的劝业场要开张了！"发布这一消息的有

20 世纪 30 年代的劝业场大楼

张 园

望海楼教堂

音乐厅

鼓　楼

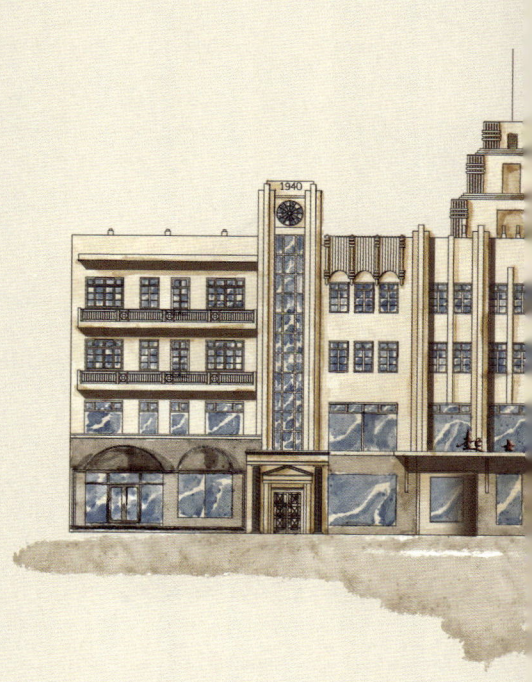

天津《大公报》《益世报》《北洋画报》等权威媒体。1928年12月1日，天津《北洋画报》甚至以整版为"天津劝业场"打广告。推动这一事件的人是高星桥，而轰动津门的是劝业场。

劝业场大楼由高星桥出资建造，在设计之初高星桥就计划建成天津最为气派的商场，为此他耗资150万银圆，请法国建筑师保罗·慕乐设计、法国永和公司建造施工。在劝业场大楼落成之时，高星桥又斥巨资请书法家华世奎书写牌匾"天津劝业场"，这块弥足珍贵的牌匾，至今还静静地悬挂在劝业场大楼内，一挂就是九十四年。据说"劝业场"是庆亲王载振起的名字，出自《史记·货殖列传》，意在"劝其业，乐其事"，由此可以看出商场的创始人对当时中国社会的担忧及对商场未来的憧憬与希望。刚刚成立的劝业场在犁栈大街上独领风骚，为了与之竞争，众商家使出浑身解数，一时间高楼迭起，精美的建筑在这条街上层出不穷，劝业场产生了聚集效应。十几年间方圆数百米，百货、娱乐、餐饮、休闲等多种业态蔚然成风，以劝业场大楼为核心的商圈初步形成。

　　为了追求奢华，保罗·慕乐将劝业场设计为一个西洋折中主义风格的钢筋混凝土结构建筑。这种风格常常根据比例和形式美，模仿西洋各种经典建筑形式。在劝业场的外部，有古罗马式的拱券、穹顶、立柱，文艺复兴样式的女儿墙、古希腊式的檐口等多种构件。其主体建筑为七层，七层之上建有罗马风格的圆顶，由高耸的、两层六角形的塔座，两层圆形塔身和穹隆式的塔顶组成。据说由于在建造过程中资金不足，只好放弃了最顶层的设计方案，但又要确保劝业场是附近最高的建筑，于是保罗·慕乐巧妙地运用转角处的塔楼以及塔楼上的旗杆、避雷针等装饰物进行点缀。

牛腿外挑结构支撑的阳台

黄金拱券雕花门楣

著名的中华老字号——劝业场

　　劝业场外部的装饰大部分由挑檐和阳台组成，整体墙面
没有大量的装饰图案和纹理，大面积铺以灰色砖石，中间镶
嵌着米白色几何图案的装饰方砖。底层橱窗上方是环绕建筑
的一圈钢筋混凝土挑檐，并与商场入口处的拱券相连接，与
上方区域分割成两个空间。二层及以上的区域阳台设计是建

劝业场塔楼上点缀着旗杆、避雷针等装饰物

筑最为精彩的地方，阳台设计分为凸阳台和凹阳台两种形式，令人印象深刻。凸阳台由弧形的牛腿结构支撑，凹阳台的两边配以廊柱，设计上内外呼应，配合光线的移动会出现优美的景深感，显得整个建筑金碧辉煌。

商场的内部采用中空回廊式，以形成共享空间，并且中空部分的屋顶有三层天窗，有利于建筑内部的采光和通风。但在后来的修缮中为了增加营业面积，封上了天井。建筑内部的交通设置十分流畅，平面空间由一个过桥沟通，场内还有六座楼梯和五部电梯连接垂直空间。劝业场不仅是一个商场，还是一个大型娱乐场所。当时商场的四至七层楼开设了八个大型娱乐场所，即"八大天"。其中，"天华景"规模最大，观众席分上、中、下三层，共可容纳1100人。其大型旋转舞台宽10米、深8米，即使是当时天津的专业剧场，也难以与之比肩。

夜晚的滨江道，华灯初上，流淌着浪漫的情调，这里的每一处都刻上了历史的印痕，见证着民族商业的崛起。今天，劝业场仍然聚揽着兴旺的人气，延续着往日的繁荣。在它的周围，恒隆广场、天河城等新时代的"shopping mall"相继建成，星罗棋布，异彩纷呈，这些购物中心与昔日的百货龙头劝业场一道，演绎着新的商业传奇。

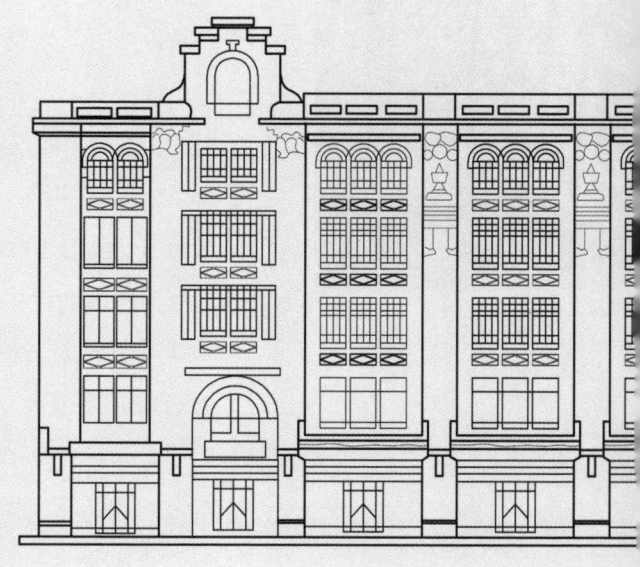

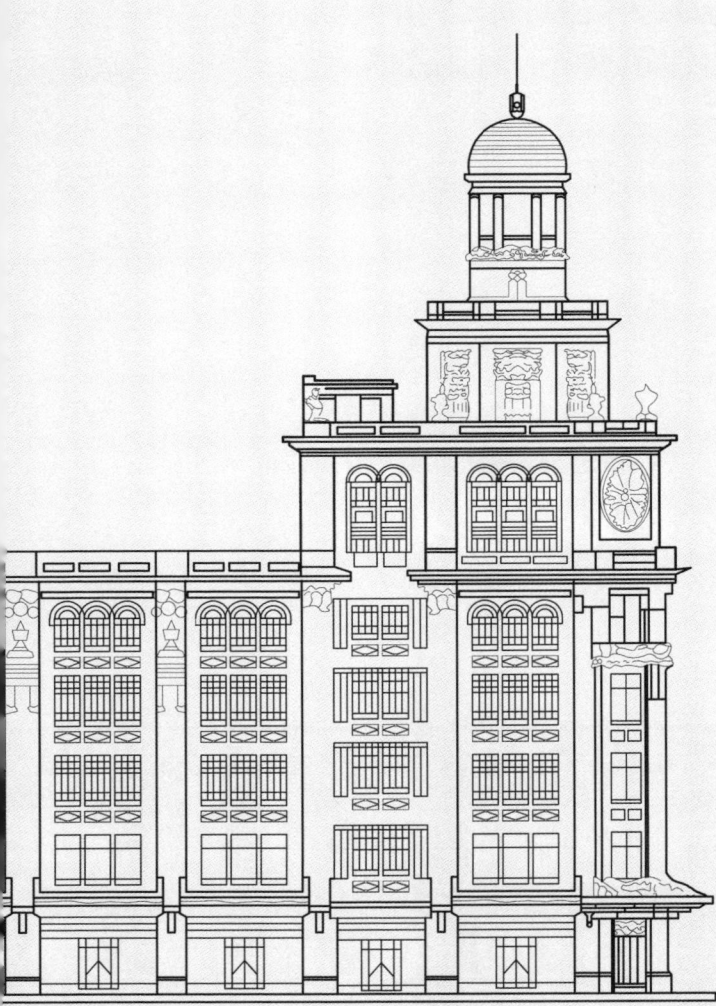

劝业场侧立面

浙江兴业银行
中国建筑师的开山之作

现为星巴克臻选旗舰店，西洋古典折中主义建筑，
位于天津市和平路 237 号，1922 年建造，沈理源
设计，建筑面积约为 2034 平方米。

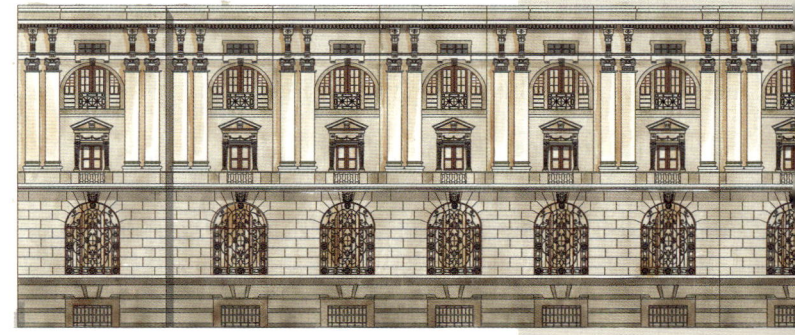

在天津最著名的商业街滨江道上，紧邻劝业场有一座优雅精致的洋楼。在建筑中心硕大的星巴克标志上面，有一排金色的繁体字——浙江兴业银行，提醒着人们这座洋楼最初的作用。作为一栋金融建筑，设计者没有选择将其建在解放北路的金融街，而是在当时并不繁华的法租界梨栈大街上，原因我们已不得而知了，但据说正是因为这个建筑，高星桥才将劝业场建在这条大街上，也因此成就了今天的滨江道商业圈。

20 世纪 20 年代的浙江兴业银行大楼

　　这栋建筑最独特的地方之一是它的设计师，著名的中国建筑师——沈理源。他是中国建筑界公认的近代最为卓越的设计师之一，作为其银行设计的开山之作，浙江兴业银行建成时便被人们誉为中国银行建筑的标杆。作为中国留学意大利的第一人，沈理源将所学的西方学院派建筑理论知识融入中国建筑设计之中，其设计风格以西洋古典样式为特征，古典复兴、折中主义是他作品中常见的符号。沈理源尤其擅长设计银行，先后设计了天津的兴业银行、中央银行、新华信托银行、金城银行等。这些银行建筑的整体风格，既有庄重、大气的共性，又各有典雅、细腻的个性。天津浙江兴业银行就是沈理源设计作品中最具代表性的建筑，改变了天津近代重要建筑均由外国人设计的惯例，为近代中国设计师打开了自信和革新的窗户。

和平路237号上的这栋三层混合结构大楼，就是天津浙江兴业银行的早期行址。此建筑与劝业场、交通饭店、惠中饭店，共同占据天津市最繁

叠柱式扇形建筑入口

雄壮的多立克双柱形成的凹陷门廊

华的两条商业街交口的"金角"。大楼平面为倒三角形，略呈轴对称，围绕中心穹顶空间展开布置。外观为古典主义的三段式构图，比例严谨。主入口朝东南方，做向外的叠柱式扇形转角，首层以六根雄壮的多立克双柱形成凹陷门廊，大理石台阶并未设在廊外，为了营造进深的空间感而内收，这种处理手法使得建筑层次丰富，空间环境瞬间活泼起来。二层的风雨露台设置了柔美的爱奥尼双柱，形成一个廊道，营造出极佳的观景场所。大楼外檐窗户均为拱券窗，分半

刻有"浙江兴业银行"六个大字的入口檐部

尖角山花窗檐

浮雕牛腿形装饰和爱奥尼式柱头

圆拱和尖拱，中间以壁柱相隔，搭配精美的浮雕，是折中主义装饰手法的典型。建筑首层用石料叠砌，强调水平切面，以青花岗岩本色为基调，窗户配以铁艺护栏和水磨石狮首装饰，包括窗套、檐口、腰檐、女儿墙等都雕刻有不同的线条、花饰，工艺精美。檐口上方的平直山墙在中部突起，厚重的石板上刻着"浙江兴业银行"六个大字。沈理源在浙江兴业银行大楼上将欧洲的教堂、宫殿和绘画、雕塑艺术融合在一起，华美的浮雕装饰展现出银行建筑的和谐、典雅和端庄。

　　建筑首层的交易大厅是浙江兴业银行的核心部分。大厅平面呈圆形，周围列十四根深绿色大理石圆柱，柱头为汉白玉雕花样式，全部由意大利进口。大厅中心部分的大理石柜台保留完好，汉白玉狮子雕像栩栩如生，顶部有交圈的环形梁，内侧为汉白玉和大理石饰面，上雕中国古钱币图案，与西方柱式巧妙融合。一楼的整个空间划分为多个区域，以动线的设计体现出各个区域的进出路径，通过桌椅样式及高度进行了围合和区隔，也正是这种虚拟的隔断使得整体建筑空间和谐自如，视野更加开阔。大厅顶部为半球形钢骨架的穹顶，金碧辉煌，使人有置身宫殿的错

铁艺护栏和水磨石狮首装饰的窗户

拱券半圆窗上的狮首装饰

觉。部分房间的墙面装饰有红木镶板，走廊门窗顶端有红木雕刻花饰，大楼一层原设有经理室、会客室、文书室、会计室等房间。二、三层曾为银行职工宿舍、阅览室、棋室、弹子房和会议室等，地下室则曾设保险库和食堂。在大楼的连廊里，摆放着滨江道商业街的老照片，照片中记录了梨栈大街曾经青涩的样子，保留了这个老建筑最初的形态。

这栋百年前的老建筑，今天已经是滨江道上的"网红打卡地"。这里既记录着城市的历史，又为城市增添了新的活力。

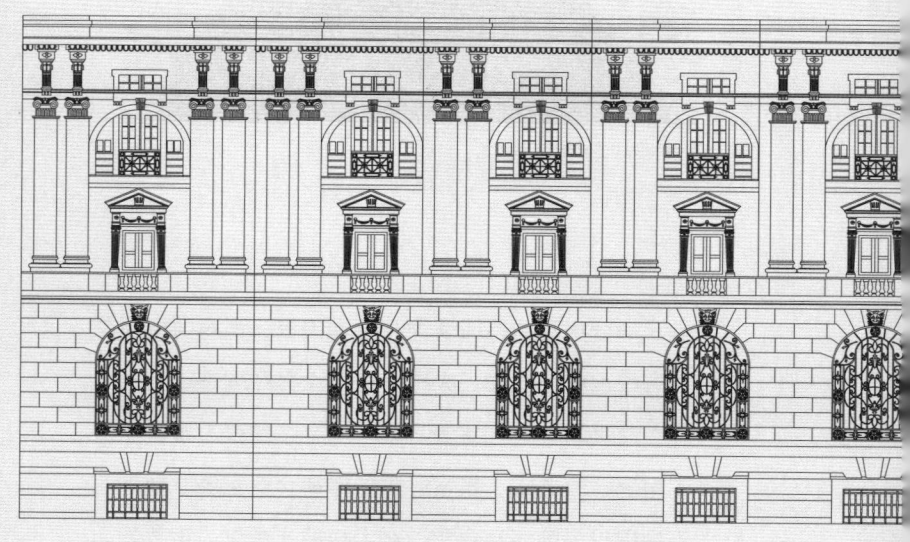

浙江兴业银行侧立面

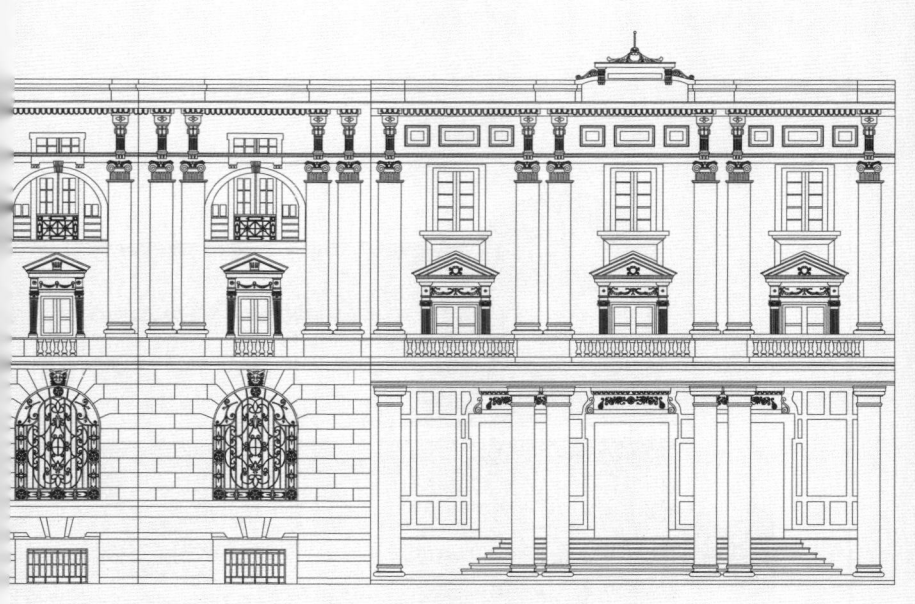

张学良故居
小楼依旧人未归

西洋折中主义建筑，位于天津市和平区赤峰道 78 号，1921
年初建，建筑面积约 1270.4 平方米，为天津市重点保护建筑。

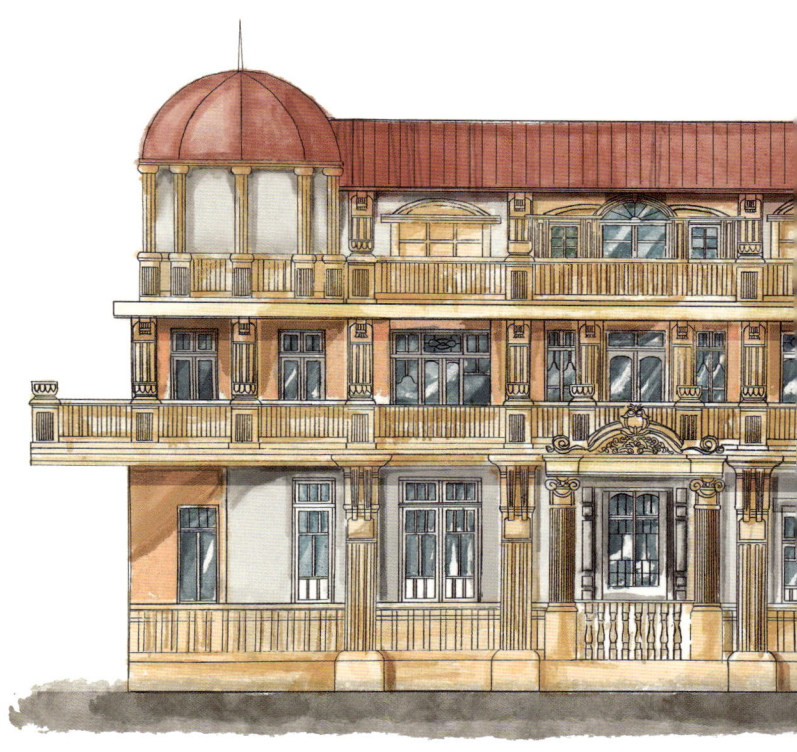

　　海河西岸，有一条稍显拥挤但却浓荫蔽日的街道——赤峰道。这里洋楼、商号鳞次栉比，曾有多位军阀定居于此，因此，也被戏称为"督军街"。在这条街道上有一栋奢华而雅致的小洋楼——张学良故居，这是天津唯一一个还原历史场景的故居博物馆。

　　张学良在这座洋楼中遇到了对其影响深远的三位人物。孙中山、张伯苓是其青年时代爱国情怀的引领者，而赵一荻则在这里与他演绎了一场倾世之恋。

张学良故居主楼入口处

张学良故居

　　走进张学良故居的庭院中，映入眼帘的是一个不大的院子，里面修筑着小型的花园与水池。水池的前面有一组铜像，是年轻的将军和时尚的佳人。"美人卷珠帘，公子世无双。"这是青年时代的少帅与赵四小姐，这里承载着他们一生中最美好的时光。铜像之后便是两人生活过的洋楼。这栋建筑的立面装饰复杂多样，极为奢侈，既有椭圆形曲线的门头和烦琐的西式柱廊组成的巴洛克门厅，又有罗马式的红色圆形穹顶、文艺复兴趣味的条形带雕花盆的栏杆。这些元素配合而成横向三分的层层后退式构图，这种多风格叠加的造型，我们习惯称之为西洋折中主义风格。

罗马式红色圆形穹顶

　　这座小洋楼，即使是在名宅林立的"督军街"上，也能独领风骚。1924年，张学良以五夫人张寿懿的名义由法国领事馆购得此楼，据说这个小楼是一个旗人贝勒于1921年所建，但具体的设计者已经无从考证了。小楼为三层带地下室的砖木结构楼房，建筑面积约为1418平方米，由前后两栋建筑组成，主要的生活区是前楼。小楼的入口处是呈扇形的双跑九阶楼梯门厅，门厅突出于建筑的主体外，这种形式在天津近代名人故居中并不多见，与它的主人一样很是张扬。主楼正面二、三层设有屋顶平台，因一层有突出建筑主体的暖廊，使得二层屋顶平台非常宽大，至今这里依然摆放着少帅与赵四小姐休息品茶的藤椅。1925年至1932年之间，意气风发的少帅时常在平台之上俯瞰着"督军街"上的飞霞落日，在他的身侧时常陪伴着温柔美丽的赵四小姐。此时的少帅不会想到不久之后，他与此处将再无牵绊。

故居一层有一个带窗的三跨暖廊，门厅正中便是华丽的舞厅。左右分别为中西餐厅及客厅，尽头是一个小型的舞台——梅兰芳舞台。少帅是一个酷爱京剧的人，与梅兰芳也是挚友，他来天津时经常邀约梅兰芳来此表演，特于此设有独特的中式舞台。二层是书房、会议室、主卧等居所，也是这栋建筑的主要办公场所。踏上百年前的菲律宾木质楼梯，手扶华美的木雕栏杆，拾级而上，二层正厅内有一个极为精致的大型书桌和两个虎爪方椅，据说，此桌椅与画家张大千来此作画有关。二层书房内有一幅字，字的赠予者便是孙中

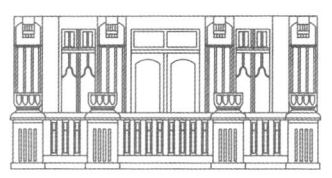

山先生。这是孙中山先生第三次来天津时，亲自为张学良题的字"天下为公"，希望他能承担国家和时代的重任。书房的隔壁是这栋楼里最为严肃的空间——张学良的会议室。在这里，张学良收到了父亲张作霖被炸身亡的消息，并做出了对中华民族极为重要的决议——东北易帜。三层空间布局非常简单，只有一个很大的摩登舞厅，是张家人宴请宾客所用，舞厅入口处有一个宽大的酒吧台，四周摆放着软包沙发。中央是舞池，舞池的正面是一个大型的时尚舞台。舞台上依旧闪烁着的绚丽灯光，仿佛又将人们带回那个传奇的年代。

在迷人的民国乐曲声中，置身于充满时代气息的奢华空间里，品味着那一段风花雪月的爱情，感叹赵四小姐"只有为爱，才肯舍己"的深情。一世幽囚倾世情，小楼依旧人未归。

张学良故居主楼正立面

民园广场
城市的会客厅

欧洲中世纪罗马式建筑，位于天津市和平区重庆道83号，1920年初建，2014年重建，占地面积约为3.56万平方米，总建筑面积约为7.2万平方米，地下两层建筑面积约为4.8万平方米，地上建筑面积约为2.4万平方米，中心绿地约为1万平方米，现为城市公共广场。

每个人从出生到死亡，虽然都像是站在同一条跑道，但每个人做的事是不同的，因此生命的意义也有所不同。

——［英］埃里克·亨利·利迪尔

　　在天津有这样一个地方，它的身影总是出现在文旅宣传册上，很多游人来到天津的第一站就会去那儿逛一逛，于是天津人给它取了一个有趣的名字：城市会客厅。这便是民园广场。今天的民园广场，马蹄声声，树影婆娑，古罗马角斗场式的雄伟建筑围合而成的椭圆形巨大广场上，时光斑驳在拱券长廊之上，折射出天津体育的辉煌百年。

民园广场原名民园体育场，是旧英租界内供侨民进行体育竞技的"乐园"。1903年前后，英工部局用铁柱、栏杆将一块空地围起来，并在内部铺设了500米六人跑道，于场内西侧建成不足100米的木质和水泥两种看台，又沿着铁栅栏

民园广场

种植一圈杨树，开辟了天津最早的田径场和足球场，形成了最初的民园体育场。体育场建成后，随着来这里运动和闲游的人越来越多，这里也举行了一些体育赛事。1925年，英工部局因需要举办"万国田径赛"而改建体育场，这是民园体育场迎来的第一次华丽变身。

民园广场大门上精美的大理石浮雕

　　让我们将目光放到一百年前的那次改建，这里我们要提到一位奥运会冠军——英国人李爱锐（埃里克·亨利·利迪尔），他是民园体育场的重要设计者之一。1902年，李爱锐出生于天津，1925年，在巴黎奥运会摘金的李爱锐回到天津，在新学中学任教。因其在世界体坛上的名气和丰富的比赛经验，英租界工部局决定邀请他参与民园体育场的改造设计。李爱锐结合伦敦特拉福德桥运动场的标准，对民园体育场的跑道、设备、看台等提出了一系列改造建议，改建后的民园体育场成为中国乃至东亚首屈一指的综合性体育场。新的民园体育场甫一建成，立即获得不少国际大赛举办方的青

民园广场外侧二层楼高的科林斯柱

镶嵌着彩色玻璃的圆形拱券门

睐。1929年，李爱锐在此参加了"万国田径赛"，并夺得了他运动生涯中的最后一枚金牌。1943年，日军强行拆除了民园体育场的铁围栏和铁门，体育场遭到严重破坏，加之缺乏管理，场地变得荒芜。

新中国成立后，民园体育场迎来了两次大规模的改建。20世纪50年代初，体育场由沙地改为草坪，并重修了水泥看台，台下设置办公用房，四角搭建起24米高的木质灯架。20世纪80年代，这里又增开13个出入口，灯架由木制改为铁制，并提高到48米。此外还增加了电子记分牌，铺设了进口塑胶跑道，可以同时容纳两万人观看比赛。民园体育场一度成为全中国唯一一个拥有室外灯光足球场的体育场。

真正使民园体育场实现重生的一次扩建是在2014年完成的。扩建后，民园体育场不再进行竞技比赛，改为市民广场，广场包括外围环形建筑、音乐厅、中心绿地和地下空间，集休闲健身、文化体验、商业、旅游等多元化功能于一体，成为天津最为著名的国际文化旅游景点之一。民园广场整体呈欧洲中世纪建筑风格，广场外围为南北三层和东西二层的环形建筑。从空中俯瞰，广场平面布局呈椭圆形，建筑整体以米黄色为基调，红色为辅，墙体表面由石材砌筑。在衡阳路段的拱廊采用了铸铁手法，附带复古镂空花纹，在河北路段的部分拱廊与外部街道相互串联。广场采用了古罗马风格的石材连环圆拱，配合科林斯柱形成二层高的环形拱廊，内设后退式的门洞、窗户、栏杆，三层由小窗和壁柱装饰组成，构成了民园广场建筑的主旋律，激情澎湃又

民园广场的外墙细部

轻快灵动。这组建筑最为精彩的一笔是巨大的圆形拱门，四根多立克柱托起一座四层高的三跨圆拱大门，如同凯旋门一样宏伟壮丽，复杂精美的大理石浮雕配合厚重的装饰线条，共同组成了一个立体绚丽的空间。

如今，民园广场上依然荡漾着拼搏进取之音，每当朝阳升起，民园广场的跑道上依旧奔跑着一代又一代的天津人。他们与晨光相拥，与红霞为伴，脸上充满着信念与希望，与这个体育场一起迎接友人，谱写天津新的荣光。

中西融合的折中主义建筑，位于天津市和平区重庆道 55 号，1922 年始建，2011 年 5 月修缮，占地面积 4327 平方米，建筑面积约为 5922 平方米，天津市文物保护单位，天津市特殊保护级别的历史风貌建筑。

院，厚重的外墙遮挡了里面的一切。墙外看不到墙里，墙里也从未见过墙外，不求闻达的主人躲避在方寸的天地间，眷恋着王朝离去的背影。舞榭歌台依旧回荡着昨日绕梁的余音，花开花落弹指间，唯有老宅年复一年。

庆王府的大门

　　这里是天津的庆王府，在名宅林立的五大道上显得分外神秘和奢华。这处庭院是清最后一任太监总管小德张（张兰德）亲自设计的。1922年，离开皇宫的小德张在天津英租界剑桥道购置了一块地，计划建造自己的寓所。不知是不是受紫禁城的影响，小德张不惜重金建造了一处高墙厚围的深宅大院。据说为了地基的牢固，他曾经跟工匠许诺，挖多深的地基就给多厚的洋钱。最终建成了这座由院墙、主楼、露台、花园及红酒房等附属建筑组成的中西合璧式庭院建筑。1925年，庆亲王载振由北京迁至天津，从小德张手中购入此宅，更名为庆王府，延续至今。

今天我们看到的庆王府，宅院外墙是灰色的水刷石，与别的院墙相比要高很多，也要宽很多，整体形式具有明显的西式建筑特征。拱券式的门洞配以欧式铁艺大门，显得庄重而华丽，大门正对主楼入口处是十七级半的宝塔台阶。关于

庆王府主楼的高台阶

庆王府主楼的门廊

台阶流传着一个有趣的传闻，据说小德张在设计此处时很是费了一番心思，十八是皇帝御用的吉祥数，小德张不敢逾越皇权，但又想显示自己身份的尊贵，一番思索后决定将入户的第一级台阶比其他的矮上一半，形成了十七级半的台阶，这个宝塔台阶也成为庆王府最有故事的建筑构件。

庆王府的主楼是一个砖木结构的内天井围合式建筑。楼高三层，带地下室，二层外有黄、绿、蓝三色六棱琉璃柱栏杆和爱奥尼柱围合的外廊。这种三色琉璃柱与北京紫禁城的琉璃瓦是同窑烧制的。建筑平面呈长方形，中间是方形堂会大厅，中轴呈对称式布局。中庭顶部用纯铜打造，四周由196根三色琉璃柱围合成列柱式回廊通向各个居室。回廊上三色琉璃柱交相辉映，形似爱奥尼柱式的两层叠柱矗立其间，将建筑分为两层。除主入口外，在主楼的其余三侧各有

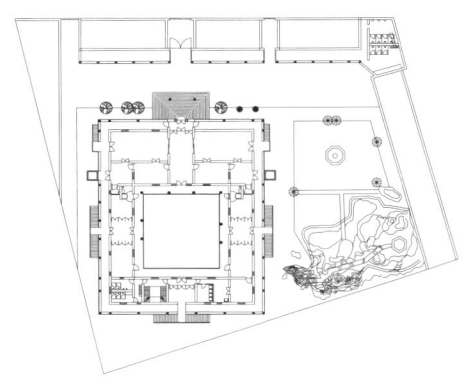

庆王府平面图

门厅

一处楼梯通往一楼外廊。主楼的女儿墙选用与外廊栏杆相同的琉璃柱，造型上也并无差别。窗户均为灰色水刷石纵向长窗，最上方有线角，棕红色窗框，嵌着中式雕花玻璃。门的造型要比窗户稍微复杂一些，运用半圆形和矩形多样结合方式，曲线的加入既突出了门的部分，又使其形态多了一些柔美。庆王府在主楼形式与立面装饰上追求西洋古典风格，在平面布局上又借鉴了中式庭院建筑，中西融合，相得益彰。

这栋建筑最吸引人的当属内部装饰了。与外立面的西洋风格不同，庆王府内部装饰的中国趣味非常明显。有四绝之称的掐丝玻璃、琉璃柱、沉香和金木，是这座建筑的标签。进入门厅，可见四扇紫红色的雕花木门，门框上方有细腻精美的透雕，透雕之间镶嵌的玻璃上绘有牡丹、梅花等寓意吉祥的花草彩画。门上镶嵌的长方形红色、绿色、蓝色玻璃尤为引人注目。据说这是来自比利时的玻璃工艺，利用丝状玻璃编织而成，具有通风、透气、采光之效。近百年的光阴流转，玻璃窗上精美的花纹依然色彩绚丽。大厅的天花板上有刻着仙鹤与祥云的连排石膏浮雕，与紫禁城的屋顶

法兰西厅

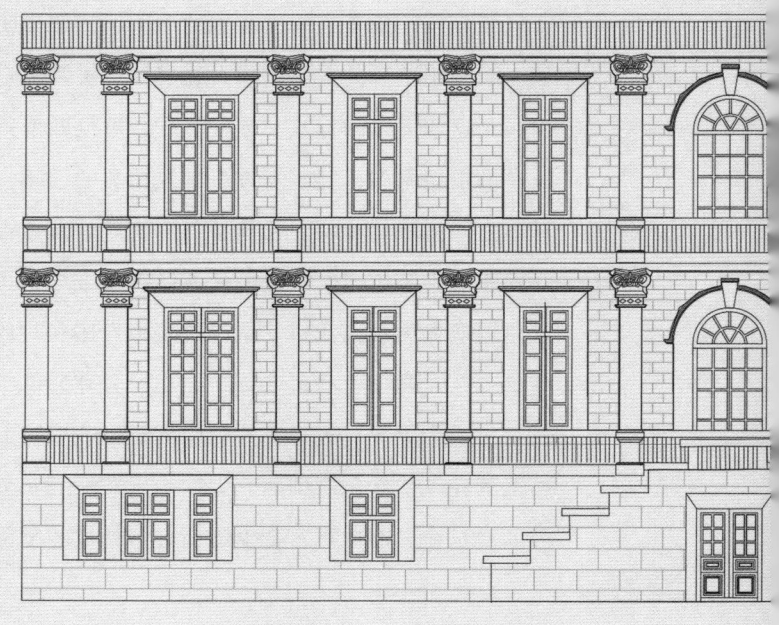

彩绘有异曲同工之妙。穿过一楼门厅，由扶梯上二楼，正对面是有乾隆皇帝题字的木屏风和中式红木桌凳，东西两侧分别为庆亲王及其三子溥铨的书房和卧室，二者室内的家具陈设皆以中式为主。三楼是用作供奉祖先的影堂。主楼内高12米、面积达350平方米的中庭，是昔日庆王府最为声名显赫的地方，在这里举办的堂会名满天津，京剧名角几乎都曾在

庆王府主楼外立面

此登台演出。直到今天这里依然传承着听曲会友的惯例，只不过已不再是古老的京剧，而是西方古典音乐。

庆王府是一个时代落下帷幕时的缩影，尽管建筑外观遵循英租界的规划要求，但受到扎根于国人心中固有文化的影响，庆王府成为一座披着西方古典外衣的中式庭院建筑。

音乐厅
天津的"金色大厅"

欧洲古典主义建筑，位于天津市和平区建设路88号，始建于1922年，2005年拆除，2009年8月重建，建筑面积约4860平方米。天津市标志性建筑之一，被誉为天津的"金色大厅"。

在天津的南京路和建设路交口处，有一座欧洲古典主义建筑，其风格的纯正、气质的高雅，给人一种冷峻的震撼力。老天津卫流传着一句口头禅："看电影到平安，电影公司数权仙。"这里提到的平安电影院就是天津音乐厅的前身，近代天津的最为时尚的地方。

始建于1922年的平安电影院经过四次易址后，在小白楼朗香街重新开张。英籍印度人巴厘将当时流行于西方的电影短片，通过平安电影院的银幕，展现给国人，这也几乎是大部分天津人第一次接触电影。新中国成立后，平安

20 世纪 30 年代的平安电影院

天津音乐厅古罗马风格的穹顶和古希腊风格的门廊

宏伟的门廊

电影院仍旧是天津人最喜欢的娱乐去处。1956年，平安电影院改为天津音乐厅。1985年，天津交响乐团成立，为配合大型交响乐队演出，天津音乐厅进行了扩建改造。古老的电影院里演奏出悠扬的古典音乐，一时间新旧交错，雅俗共赏。2009年8月，历经四年重建的天津音乐厅，以经典的西方古典主义姿态，重新矗立在平安电影院原址上，成为天津的新地标。

廊道上带宝瓶栏杆的窗户和整块浮雕的拱券

　　重建后的天津音乐厅采用欧洲古
典主义建筑风格，平面呈长方形的几
何形态，略似船的造型，体现出欧洲
古典主义的经典唯理思想。建筑上方
为古罗马风格的穹顶，中央为古希腊
风格的门廊，四周玉阶巨柱，画栋镂
檐，遍饰浮雕，蔚为壮观。建筑外墙

通体镶嵌着来自福建的浅灰色锈石，正立面最为突出的是六根爱奥尼柱组成的门廊，檐部上方设巨大的三角形山花，山花上有精美的浮雕花纹，壮丽而引人注目。巨大的门廊突出于建筑立面之外，具有古希腊帕特农神庙的韵律。为衬托门廊，主立面墙壁较为简洁，除巨大的三个门窗组合和一对雕花外，只有醒目的"天津音乐厅"五个大字，独特的门廊和精美的局部雕花隐喻着欧洲古典音乐的无限魅力。

富丽堂皇的侧面

巨大的钢壳外包铜板工艺的穹顶

　　重建后的天津音乐厅最醒目的标志是如巴黎万神庙一样巨大的、钢壳外包铜板工艺的穹顶。穹顶平面形式为简洁单纯的圆形，大圆顶上是顶塔，顶塔上面立着一根碧绿的避雷针直刺苍穹，大圆顶底下是一圈石回廊。为使加高的穹顶显得不那么突出、穹顶和鼓座之间的交接不那么生硬，设计师在穹顶的基座上方加了一圈等距布置的科林斯式柱廊，使穹顶比例和谐，并取得了丰富的光影效果。

　　音乐厅两侧的设计富丽堂皇，别具一格。首层采用古罗马式的连续拱券，形成壁柱廊道，"一层独立柱+连续肋骨拱"的框架结构，

哥特式的廊道空间

天津音乐厅背部立面

加上二、三层的几何形构图，构成音乐厅华丽
的侧面。十一根爱奥尼石柱与拱券门洞形成连
廊，在解放承重墙体的同时营造出哥特式的廊
道空间，平稳、优雅、庄重而轻盈的氛围充斥
着建筑立面。廊道之上带宝瓶栏杆的方形窗户
和整块浮雕的实体立面，与首层的镂空连廊相
辅相成，营造出虚实相间的效果。为了取得音
乐厅侧立面空间的多层次效果，在二层屋檐之
上又增加一排后退式扁窗，配合浮雕牛腿石雕
塑及顶层屋檐花钵雕塑，形成文艺复兴式的墙
面，使得建筑的侧立面给人一种完全不同的感

天津音乐厅正立面

天津音乐厅侧立面

受。几何式的线条、密集的柱廊、精美的装饰，搭建出欧洲古典美的神圣殿堂。门前八个欧式风格的花钵组成类似神道的空间效果，也成为一大亮点。

天津音乐厅的环境空间也颇具特色，地处小白楼历史文化带，周围环绕大量层高较低的历史建筑，而拥有巨大穹顶

的音乐厅主导着这一片的空中轮廓。

　　独具特色的天津音乐厅，见证了天津人娱乐生活的巨大变化，向我们充分讲述了这座城市璀璨丰富的大众文化发展史，成为认识天津的一个重要窗口和地标建筑。

起士林西餐厅
摩登时代的香甜记忆

在上海，我家隔壁就是战时天津新搬来的起士林咖啡馆，每天黎明制作面包，拉起嗅觉的警报，一股喷香的浩然之气破空而来。

——张爱玲

摩登式建筑，位于天津市和平区浙江路33号，是天津最早的西餐厅之一。1940年由英国建筑师设计建造，建筑面积约4756平方米。天津重点保护等级的历史建筑。

起士林西餐厅是天津人童年里最甜蜜的共同回忆，它为国人开启了一个全新的味觉时代。张爱玲笔下的白奶油蛋糕和咖啡，溥仪回忆中的冰激凌和罐焖牛肉，这些写在书里的味道，是起士林留给天津的时代记忆。今天，在开封道和浙

街角的起士林西餐厅

江路转角处耸立的那个醒目的白色建筑，依旧是很多天津人吃西餐的首选。有趣的是，如果你问天津的老人，张爱玲笔下的起士林餐厅在哪里？恐怕能回答出来的寥寥无几，这个几经迁移的西餐厅，与传奇老板阿尔伯特·起士林的命运一样，起起伏伏。

1901年的法租界中街，也就是今天的解放北路与哈尔滨道交口处，有一间西餐厅热闹开业了，它还有一个中国味十足的名字——"起士林点心铺"。德国人阿尔伯特·起士林既是这里的老板，也是主厨。据说他曾是德皇威廉二世的御厨，因受袁世凯的赏识来到中国，开了这家餐厅。餐厅除了供应西式大菜外，还自制精美的糖果和面包，一时间名声大噪、食客盈门。这时候的起士林是一个面积近60平方米的欧式平房，除"Kiessling"的洋文招牌格外醒目外，罗马柱之间的巨大橱窗里，精致、飘香的点心是最吸引人的装饰了。但好景不长，因阿尔伯特·起士林与法国士兵的一次冲突，这家餐厅被驱逐出法租界。

1903年，起士林迁至德租界，即今天解放南路的北京影院对面，并建起了一座具有浓厚日耳曼风格的建筑。这次店铺的面积增加到550平方米，起名"起士林餐厅"。扩建后的餐厅进行了精心的设计，内部采用两人一小套间、四人一大套间的新颖布局方式，便于食客交谈小聚。餐厅内放置鲜花，香气扑鼻，墙上悬挂着18世纪著名的油画，这些油画很多是以食物为题，画得生动形象，很是能勾起人们的食欲。楼顶上还附设了有四百个座位的屋顶花园，每到夏天，屋顶花园上便会奏起动人的乐

20世纪40年代的维克多利咖啡馆

曲，人们在这里翩翩起舞，张爱玲魂牵梦萦的"起士林"就是这里。

　　如今，起士林西餐厅所在的大楼原是1940年开业的维克多利咖啡馆，它曾经是起士林最大的竞争对手。这个四层高楼由二战期间犹太裔俄国商人普列西所建，起名"维克多利"，取胜利之意，主要经营俄式西餐，是当时天津犹太人社交往来的主要场所。店内装潢富丽堂皇，其奢华程度堪称津门餐饮业之首。普列西聘请英国建筑师设计建造，采用当时最为流行的摩登式钢混结构，建筑面积约4756平方米。楼内设有欧洲风格的餐厅、酒吧。1954年，天津市政府为了提升起士林餐厅的竞争力，决定将两家西餐厅合并为新的起士林餐厅。

今天的起士林西餐厅楼内一层是门厅，旁有西点店，二层是德式西餐，三层是俄式餐厅，四层是法式餐厅。建筑平面呈扇形，沿开封道和浙江路展开，外立面为弧形，从天空俯瞰像一个硕大的元宝。最初起士林面向五条马路，每逢

建设路一侧的起士林西餐厅

起士林西餐厅外立面精致的线条

下雨天，雨水都会倒流至楼前，取招财进宝之意。建筑外墙的石料全部是用船从欧洲运到天津的，建筑通体为乳白色，几何化立面十分整洁美观。主入口立面由垂直通长且宽窄不等的线条构成，形成自下而上的垂直动线直至冲出屋顶。2009年，建筑顶层增加了阶梯形式、逐渐升高的塔楼，加之立面垂直方向的线条，使入口处产生类似哥特式向上的动势和节奏韵律，成为起士林西餐厅最显著的外部特征。建筑左右两侧立面以棱角分明的装饰线和阳台形成凹凸的表面，体块和局部细节没有烦琐的装饰。两侧立面使用长方形窗洞以垂直内凹的形式分组，并由此形成窗洞两侧的垂直线条，配合主入口立面向上的动感。起士林西餐厅是天津为数不多的摩登式建筑，这种形式传入中国后主要在上海兴建，且多为商业建筑，因其显露出的时尚与艺术品位，在中国近代的租界建筑中很是流行。

中国人好吃，我觉得是值得骄傲的，因为是一种最基本的生活艺术。

——张爱玲

起士林西餐厅的阶梯状尖顶

在众多的西餐厅里，起士林是最为独特的，它不仅是纯粹的舶来品，而且是天津乃至中国最早的西餐厅之一。近代的天津人都以到起士林就餐为荣，这里不只有最正宗的西餐，那代表摩登与时尚的建筑所拥有的雅致与奢华，也冲击着国人的感官。西方的摩登与东方的雅韵融会在这餐厅之中，任时光荏苒，起士林里始终凝聚着浪漫的情调，依旧飘荡着甜蜜的味道，继续烹制着摩登时代的香甜。

傍晚的起士林西餐厅

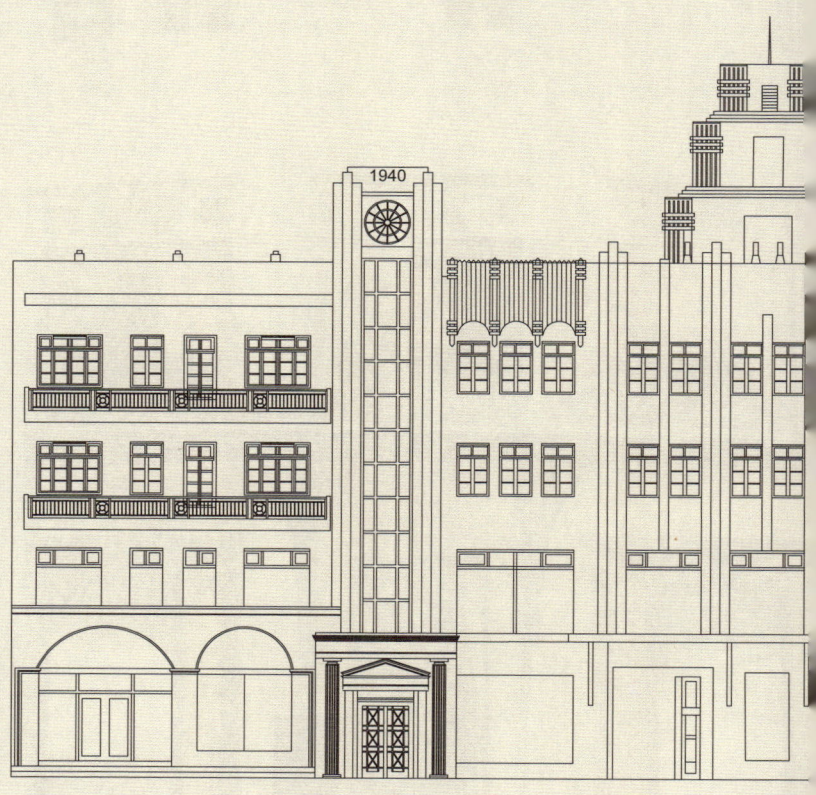

起士林西餐厅正立面

利顺德大饭店
屹屹老店，悠悠百年

英国古典浪漫主义建筑，现存面积约为 23087 平方米。位于天津市和平区解放北路和泰安道交汇处，建于 1863 年，1886 年建主楼与塔楼，1985 年改造为现代建筑形式，2010 年修复原貌至今。

　　每个人心中都有一座宫殿，我的宫殿远在中国，它的楼宇环绕着精美的木廊，透过角楼的窗户可以看见一条大河流过。这是一座真正的宫殿，它不仅富丽堂皇，而且曾来于此的尽是世上最尊贵的人物。

——《海维林日记》

　　天津的解放北路上洋楼林立，其中有一座宁静而华丽的"宫殿"——利顺德大饭店。这是一座带有塔楼与木质游廊的老建筑，当我们沿着海河岸边的花木成荫徐行到它面前时，一定能够感受到它散发的古典而庄重的英式气息。西洋

20 世纪 20 年代的利顺德大饭店

建筑与古老中国的社会变革成就了利顺德大饭店的百年风华。

　　1863年，英国传教士殷森德承租了海河岸边的一小块地做货栈、洋行和旅馆，因为是建在海河泥滩上的饭店，于是人们将之戏称为"泥屋"，这就是利顺德饭店的雏形——泥屋饭店。关于泥屋饭店的建筑形态，并没有影像留存，根据档案资料可以推断出它的平面形态为长方形，带有连廊与尖顶，是一个简易的英式平房。殷森德给它起了一个很有中国特点的名字——利顺德，源于孟子的"利顺以德"，同时与殷森德姓氏音译相似。利顺德的英文名"Astor House Hotel",原是1836年纽约百老汇大道上的一家饭店,这家饭店建成不久便成为美国最著名的饭店,直到20世纪初仍是只有豪华饭店才能使用的名称。

然而,创始人殷森德并没有把自己的精力投入到饭店的运营中,利顺德建成后的二十多年中,一直是"泥屋"的平房样式。直到1886年德璀琳当选为英租界工部局董事长,这位晚清天津历史中的重要人物,是这一时期利顺德的实际管理者,他将饭店推向了规模化发展的道路。

在德璀琳的主持下,利顺德首先修建了三层砖木结构的主楼——著名的"1886楼",这是利顺德最为重要的部分。

2010 年修复原貌后的利顺德大饭店

解放北路上的利顺德大饭店主入口

主楼首层的平面呈凹状，利用突出于主楼的半地下室形成建筑的基座和临街露台，下凹位置为主入口，为不影响临街交通，首层设置双跑扇形退缩式台阶。台阶之上的深处嵌入旋转木门，所以面向解放北路的入口并不明显。主楼建筑顶部采用坡形屋顶的形态，沿街立面二、三层设木质游廊。主楼立面造型轻快活泼，具有英国中世纪的田园乡土气息。即使是在历经百年沧桑后的今天，沐浴着午后的艳阳走进利顺德，依然能够带给我们心灵上的静谧与轻松。

利顺德主楼的颜色也颇具趣味，修复后的主楼采用灰色清水砖墙砌筑而成，并附以原木色的游廊。关于这一点，曾有人提出质疑，因为利顺德留下的部分照片显示主楼是彩色的，于是大规模的求证工作开始了。最终根据当时英租界整体建筑样貌和建筑材料分析得出，1886年的利顺德应该是浅灰色的。修复后的主楼拨开了历史的迷雾，灰色的清水砖墙衬托着烦琐的装饰图案和绚丽的木质游廊，奢华而幽雅。

　　为了建造出最豪华的饭店，德璀琳在主楼转角处修建了方形的哥特式塔楼。与纯粹哥特式塔楼不同的是，利顺德的塔

主楼的木质游廊

楼立面一层是单拱券，二层是双拱券，到三层变为用双柱的四个拱券。这种渗透着西方中世纪罗马样式的设计方式，破除了哥特式的宗教威严感，增加了罗马式的世俗情趣。德璀琳设计的塔楼是成功的，这使得利顺德成为当时英租界最高的建筑。但是他并不满足，为了让这座饭店更加华丽、更加具有英式风情，他在外侧游廊的下方加上了大量的木制十字叉栏杆（这种栏杆是英国木结构的特色），在栏杆上又增添了中西结合的古典花式作为装饰，最终使一座豪华饭店屹立津门。随后的几年中，德璀琳又先后在利顺德大饭店周围增建了维多利亚花园和戈登堂等建筑。

1924年，饭店新任董事长海维林在主楼北侧建起了四层砖木混合结构的大楼，使得整体建筑平面呈"E"形，并在凹处扩建了舞厅和餐厅，也就是现在的维多利亚大厅，近似于当代的阳光大厅。环绕着维多利亚风格的游廊和下沉式的舞池，加之浓郁的英式咖啡，使这里成为当时名流、

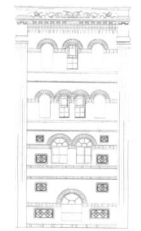

正方形的哥特式转角塔楼

塔楼上的双拱券窗

塔楼上的四拱券窗

富商的聚集地。李鸿章、孙中山、黄兴、蔡锷、梅兰芳等人都在此留下过足迹。《北洋画报》中还记载了溥仪1925年来天津后多次前往利顺德跳舞、娱乐、饮宴的生活。每逢节日，利顺德饭店举办舞会时，常常能看到溥仪和婉容的身影。喜爱演奏的婉容时常会坐到钢琴前，演奏动听的音乐。两人也曾在宴会厅相拥起舞。

与名流巨子的耀眼光环相辉映，利顺德不断地进行升级改造。1924年，饭店安装了一部非常先进的奥的斯电梯，这是中国饭店现存最古老的电梯。随后，供热、供水、供电、电报、电话等一系列新鲜事物陆续出现，利顺德成为当时最现代、最时髦的饭店。

利顺德大饭店外立面

横滨正金银行
罗马立柱里的东方银行

现为中国银行天津分行，古典主义建筑，位于天津市和平区解
放北路 80 号，建于 1926 年，建筑面积约为 3150 平方米。
天津市文物保护单位，特殊保护等级历史风貌建筑。

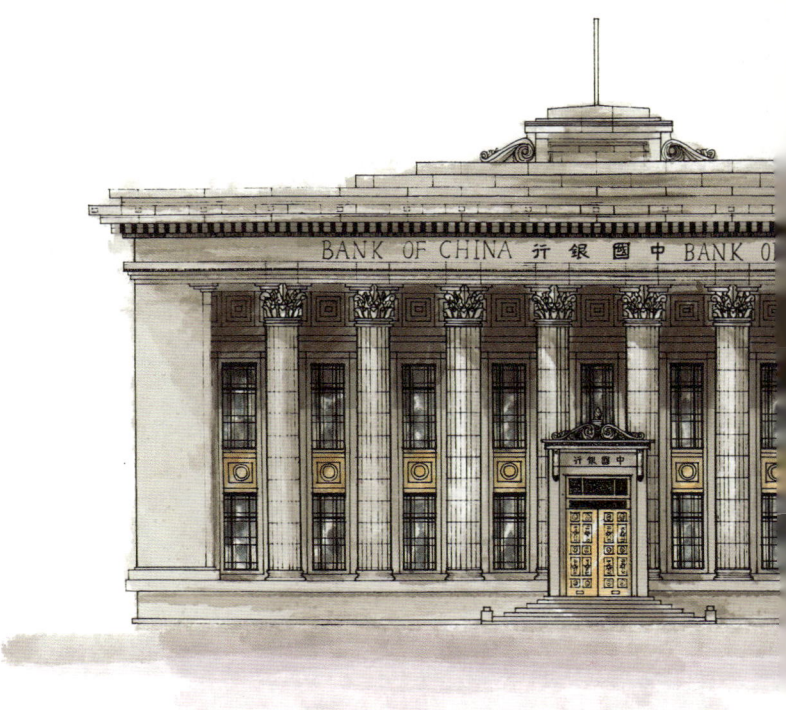

20 世纪 30 年代的横滨正金银行

　　天津有条著名的"东方华尔街"——解放北路，在这条约2229米长、南北贯通旧英法租界的街道上，六十多家中外银行、商行建筑交相辉映，汇集了哥特式、罗马式、古典主义、折中主义等各种西洋建筑的经典风格，其规模和密度在中国独一无二。解放北路与营口道交口处的东南方向，有一座造型典雅、形似古罗马神庙的老建筑，这便是曾经的日本横滨正金银行。

仿效古罗马神庙的列柱门廊

大楼正门处的牛腿石雕出挑

　　横滨正金银行是日本一家历史悠久的老牌银行，1880
年在横滨成立，是日本明治维新后唯一的外汇专业银行。19
世纪末期，横滨正金银行相继在上海、大连、沈阳、天津、
哈尔滨等地设立分行。1899年，横滨正金银行天津分行正
式成立，成立之初就筹划在银行聚集的金融街上建造银行大
楼。大楼于1926年建造完成，由英籍工程师爱迪克生和道格
拉斯联合设计，英商同和工程司施工，是一座具有西洋古典
风格的建筑。而今，大楼虽然已近百年，但依旧保存完好，
大楼东北角上的奠基石仍清晰可见。横滨正金银行大楼主体
建筑为二层，局部有三层和四层，并建有地下室。大楼的平

面接近矩形，建筑正立面完全仿效了古罗马神庙的列柱门廊，外檐下八根科林斯巨柱屹立在1.5米高的基座上，构成了开敞檐下柱廊空间，并以大门为中心形成对称构图。阳光洒向柱廊时形成荫翳的廊下空间，显得庄严而稳重。柱头的雕刻异常精细华美，巨柱中部亦做了石雕装饰，细节丰富。大楼的檐口装饰复杂精美，有狮子头、托檐石、卵箭饰等装饰，层层叠叠交织在一起。大楼的正门门头很有特点，虽然门口不大，但幽雅华丽，采用一对牛腿石雕出挑，檐口做细腻的石雕花饰，顶部设双涡卷，中间夹花苞形雕饰山花，正中一樘金灿灿的黄铜雕花大门，彰显富贵之气。大门上的铜雕装饰和巨柱之间的窗间墙同时采用黄铜雕花装饰，与粗糙的岩石形成强烈对比，整体立面庄重华丽。

走进建筑内部，就能看到玻璃顶的两层通高营业厅，面积达300平方米。四周设有经理室、秘书办公室、客人休息室、办公室等房间。大厅二层是用爱奥尼式圆柱组成的连廊，连廊顶做成弧形拱券。二层、三层的房间均为办公使用，银行中的每个房间都装饰木雕护墙板，就连屋内的

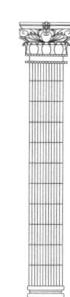

巨柱中部的石雕装饰细节丰富

横滨正金银行正立面

吊灯也配有精美的木雕底盘，整个建筑处处透露着设计和建造时的精益求精和奢华贵气。

　　横滨正金银行先后承办多笔对清政府和北洋政府的贷款及地方政府和实业借款，并支持日商大量向中国华北输出

商品。尤其是在抗战时期，这座银行不仅为日军侵华支付军费，还向伪政府提供资金。建筑是一部屹立的史书，我们在欣赏它美轮美奂的外形同时，也必须铭记中国近代历史上遭受的屈辱，以及中国人百折不挠的反抗、学习与进步。

大清邮政津局
中华邮政初始开

　　天津邮政博物馆里收藏着一枚泛黄的邮票，方寸之间珍藏着大清邮政津局的历史。昔日的大清邮政津局，今天已是天津邮政博物馆。

　　1878年英国人赫德受李鸿章指派筹建新式邮务，当时并没有单独建楼，而是在津海关办公楼内一间屋子里创办了天

现为天津邮政博物馆，中西融合式建筑，位于天津
市和平区解放北路和营口道交口，1878年建成，
2008年、2010年整修。建筑面积约1500平方米。
中国现存唯一的清邮政官局楼房，天津市文物保护
单位和特殊保护等级历史风貌建筑。

津海关书信馆，关于这间屋子的布局没有详细记载，今天博
物馆内只留下了一个当时的海关书信馆牌子。1880年书信馆
改名为天津海关拨驷达局，因为业务量的增多，从津海关办
公楼迁出独立，于是清代邮政局有了第一个独立办公地，即
现在的天津和平区营口道2号，但这里也只是一个临时落脚

20 世纪 20 年代的大清邮政津局

点。作为中国第一个邮政代办机构，无论是规模
还是气势，都需要一个能够与之匹配的建筑，所
以经过精心选址，决定在解放北路紧邻朝鲜银行
的地方建一座规模庞大的大清邮政津局。此处也
一直被认为是中国近代邮政的发祥地。

不知是不是因为有着特殊的使命，这幢建
筑的风格在西洋古典建筑林立的解放北路上很
是特别。大清邮政津局由清一色的中国传统青砖
砌筑，并配合中式砖雕技术刻绘了古罗马花饰图
案。建筑的主体是砖木结构的两层楼房，顶部是
类似栏杆的绚丽女儿墙，主体建筑带有地下室，

大清邮政津局局部外墙装饰

配有中式砖雕的古罗马圆形拱券窗

配有半圆形采光窗户和临街入口。门窗采用的是彰显欧洲古典主义风格的扁券式拱形门窗，两侧为罗马拱券柱，所有装饰元素呈二方连续规律出现，既统一又充满了韵律感。与西洋建筑的经典雕塑立面不同的是，大清邮政津局立面砖雕是浅浮雕，从女儿墙至地下室半圆采光口连成一气，形成浮雕面，很是精彩。这种装饰方式常见于中国传统建筑的藻井彩绘。与西洋建筑雕塑不同的是，这种图案虽然复杂，但以单元组图的形式重复出现，却显得华丽而不凌乱。与周围西洋古典深雕建筑的紧张感与张力相比，更为轻松，并带有自然情趣，流露出东方建筑雕塑的意匠。

大清邮政津局的平面呈"L"形向两侧散开，临街的转角处耸立着古罗马风格的"八"字形角楼，角楼突出于建筑双侧立面，打破了因统一而形成的严肃感，使其更加具有灵动性，这是整个建筑的点睛之笔。由角楼内部向外俯瞰解放北路，视角更为宽阔，恰到好处的位置处理将西方古堡式立面与东方衙署的威严感融合得浑然一体。这种中西融合的风格使大

女儿墙上的中式砖雕

大清邮政津局黄金色的大门

中国传统青砖浮雕

清邮政津局显得更加亲切和耐人寻味，吸引着人们走进那个黄金色大门，来到建筑的内部，探求一段民族求新的进步历程。

与天津近代其他办公建筑不同，大清邮政津局的入口门厅并不大，最为突出的是连接一层和地下室的木质楼梯，沿楼梯而上即进入一层大厅，这里展示着中国邮政的发展历程，最为珍贵的藏品应属那套大龙邮票。一、二层的房间均以并联式空间组合方式构成，与角楼连接处有一个较为宽阔的厅堂，现在这里是博物馆的展览区,记录着这栋建筑与中国邮政经历过的辉煌与苦难。与外部华丽的装饰相比，建筑内部的空间和装饰都比较简洁，更加符合衙署办公场所的布局需要。

临街转角处古堡式的"八"字形角楼

　　1912年1月1日，大清邮政正式更名为中国邮政，这个名称一直沿用至今。作为中国近代邮政的发祥地之一，解放北路上的这个建筑承载着我们民族迈向革新的艰辛。2000年之初，天津邮政局决定在此建立天津邮政博物馆，之后历经十

载，基本恢复了一百四十年前大清邮政津局的原貌。这座建筑不仅见证了中国邮政的发展历程，而且将中国传统建筑美学与西方古典建筑特点融为一体。巍巍高楼，静静凝视，海河之上，日新月异！

大清邮政津局正立面（局部）

紫竹林教堂
中西交融的瑰宝

文艺复兴晚期建筑（带有中西融合的装饰），位于天津市和平区营口道 16 号，1872 年建造，建筑面积 779 平方米。天津市文物保护单位，天津市历史风貌建筑特殊保护单位。

天津有个紫竹林，是我在很小的时候就听到的一个地名……那里从前有个北洋水师学堂，是我父亲学习过的地方……

　　　　——冰心:《紫竹林怎么样了？》

20世纪20年代的紫竹林教堂

庄严的紫竹林教堂

教堂正立面一层的爱奥尼立柱

　　冰心在《紫竹林怎么样了？》中提到的这个"紫竹林"，在近代的天津可谓赫赫有名。"紫竹林租界""紫竹林码头""紫竹林兵营"等名称常常出现在天津的近代史和民俗故事中。这到底是一个怎样的地方？

　　紫竹林是英法租界的汇合处，是当时天津对外贸易的中心，也是最负盛名的"西洋景"。冰心所关心的"紫竹林"早已因动荡而变得暗淡，而今，唯一留下的以"紫竹林"命名的建筑，就是这座教堂。

　　现在的紫竹林教堂并不像历史上那样耀眼夺目，反而显得十分低调。紫竹林教堂西邻解放北路，那里是天津近代最为著名的商业建筑群，教堂栖身于这些建筑的背后，翠竹摇影间一片竹林甚至将其遮盖，只有走到正面才能看到它的全貌。这是一个很特殊的教堂，既有西洋教堂富有立体感的尖顶形态，又充满了东方世俗寓意的吉祥图案。据说紫竹林教堂的名字源自紫竹林佛寺，所以在它的正立面上，还有佛教的莲花串珠砖雕装饰，这恐怕在西洋教堂建筑史上也是绝无仅有的了。

1872年，樊国梁、德明远两位神父在天津英法租界交界处修建了紫竹林教堂，成为当时天主教在天津新的活动中心。为了缓解中国民众对教堂的抵触情绪，两位神父在修建教堂时，无论在建筑形态还是在立面装饰上，都掺入了东方元素。紫竹林教堂是一座文艺复兴晚期风格的建筑，平面呈长方形，是由拉丁十字变形而成，内部空间是巴西利卡式的三通廊，建筑面积约779平方米，在天津近代的教堂建筑中其面积并不是很大。教堂顶部为十字穹顶，清水砖墙面，墙体设扶壁柱，砖木结

砖雕与拱券结构完美融合的屋顶

构。屋顶部分采用了中国传统建筑
的抬梁式构架，轻盈的屋顶完美地
融合了东方木质结构与西方教堂石
材拱券结构，随之带来的是教堂顶
部别样的灵活生动。教堂的地面镶
满红、蓝、白三色地砖，砖面装饰
十字架纹样，这些精美的地砖把教
堂装点得愈加华丽。

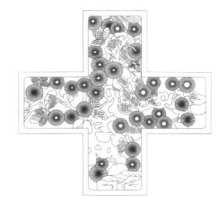

教堂立面使用了中国传统砖雕艺术

　　建筑正立面融入了古希腊的檐口、古罗马的柱式和拱券门窗，一层有八根爱奥尼立柱，二层有八根方柱，正门入口处为拱券形式，左右两端立有半圆形爱奥尼柱，正门上部呈三角形门檐，腰线为出檐带状莲花串珠砖雕装饰。正对入口的主堂二层各有三个半圆形拱窗，均由菱形彩色玻璃拼成耶稣形象。有趣的是教堂立面装饰上没有西洋教堂传统的人物雕塑，而是使用了中国传统砖雕艺术，雕刻的均是自然植物，如葡萄、梅花、莲花串珠等纹样，呈现出中西融合的建筑风貌。如果细心观察，就会发现紫竹林教堂与旁边的大清邮政津局的立面砖雕有异曲同工之妙，也许这就是天津建筑的独特之处吧。

东方砖雕艺术与西洋传统彩色玻璃工艺相得益彰

走进教堂内部，可以看到唱诗台位于入口门厅的上方，内部尽头放置大理石祭台，古典管风琴的紫铜管靠墙排列，据说这是当时天津仅有的两台管风琴之一。祭台上刻着三种不同形状的十字架，边饰为卷云波浪形。在其两侧有两个半圆形壁龛，分别摆放着法国国王路易九世和圣女贞德的雕像，而西侧的墙壁旁有一块白色大理石，上面刻着两个法文名字，据说是教堂捐资者法国人日意格夫妇的名字。

　　直到1916年西开教堂竣工前，紫竹林教堂都是天津最为耀眼的天主教教堂。这座教堂的宗教活动一直延续至今，2013年，教堂因有坍塌危险进行了抢救维修，2017年修缮完毕后即恢复了正常宗教活动。在寂静的营口道上，紫竹林教堂已经走过了漫长的一百五十年，曾经悠扬的颂歌声已渐渐远去，今天的紫竹林教堂更像是一座纪念碑，提醒着人们不要忘记紫竹林。

教堂的腰线装饰有出檐带状莲花串珠砖雕

紫竹林教堂外立面

东方汇理银行
金融街上的最后外商

现为天津西洋美术馆，折中主义建筑，位于天津市和
平区解放北路 77 号，建于 1908—1921 年，建筑面积
约为 3651 平方米。

天津开埠之初，外国银行纷纷进驻，各银行为彰显自己的实力，一时间大兴土木，营造豪华大厦。解放北路逐渐形成了风格各异，但格调统一、轮廓协调的商业建筑群，成为近代天津受到西方建筑文化和艺术影响最集中的体现。整条街道在局部建筑与周边环境处理上，有着不容置疑的代表性，至今仍有很高的艺术欣赏和历史研究价值。坐落在解放北路77号的东方汇理银行，因其所蕴含的历史与艺术之美显得绰约多姿。

椭圆形窗和半圆形拱券窗檐结合的窗户

　　创办于1875年的东方汇理银行，总部位于法国巴黎。1907年天津分行开业，主要经营进出口押汇及国际汇兑。1941年，日本在天津接管了众多外国银行，东方汇理银行却得以幸免。在天津沦陷期间，东方汇理银行快速发展，取得了天津外商银行首席的地位。

　　东方汇理银行大楼由比商仪品公司设计，于1921年建成并使用。这是一栋平顶砖木结构的三层楼房，建筑面积约为3651平方米，是西方折中主义建筑风格的代表之作。建筑立面采用三段式布局，外立面

折中主义风格的银行大楼（局部）

大楼转角处的帕拉第奥式塔楼

比例和谐，正立面呈对称布局，作为基座的底层几乎占了立面高度的二分之一，采用天然石料砌筑。入口为拱形大门，由两个烫金爱奥尼巨柱托起上方平整的屋檐组成，给人以安全感和庄严感。

东方汇理银行外立面装饰元素较为多元化，集中了古典主义和文艺复兴等多种风格。一层为白色水泥仿石块墙面，二、三层主体为红砖清水墙面，且墙面以抹灰纹样装饰加以点缀。建筑门窗皆为木质材料，窗户的形式多样，外檐窗均设花式栏杆。一层的窗户采用半圆结合矩形的形式，以墙面切缝作为周边装饰。二层左侧的窗户采用窗脸半嵌入墙体的形式，两侧以弧形仿柱作为装饰，窗户下方以宝瓶修饰，用两侧的长牛腿支撑三层的阳台。三层的窗户面积较小，为椭圆形窗和长方形窗结合的形式，檐部上的女儿墙围栏以西洋古典宝瓶作为主要的装饰元素。设计师将绘画、雕塑完美地融合在建筑的立面中。华美的浮雕展现出强烈的装饰感，使建筑的立面尤显精细和华丽。整栋建筑的亮点在顶部三个转角处的帕

窗檐尖角山花浮雕细部

拉第奥式塔楼。塔楼采用四坡顶形式，具体样式并不一致，但顶部都出檐较深，檐下形成圆弧券窗。原塔楼在1976年的唐山大地震中被震毁，2009年进行了复建。

楼内共有房间五十余间，另有地下室。进入建筑内部，是宽敞的营业大厅，地面铺设彩色水泥砖，天花板上有用石膏雕塑成的花卉、人物，周围是方形爱奥尼立柱，室内装饰线条工整而精致。营业大厅东北侧为经理办公室，东面为院落，院落南侧及东南侧建有车库和附属建筑。二、三楼设有大小会客室及宿舍，地下室建有保险库，通往地下室的楼道皆用条石砌筑。

新中国成立之后，东方汇理银行曾作为办理外汇业务的指定银行而继续经营。1957年东方汇理银行歇业，结束其在天津五十年的历史。今天，这座昔日的金融建筑因其华丽的外形和艺术性，作为天津西洋美术馆继续使用。经过一百七十年的发展，解放北路已然成为天津的城市名片，原东方汇理银行仍旧矗立于此，见证着时代的变迁。

与水泥仿石块墙面相互映衬的银行侧门

东方汇理银行外立面

津湾广场
海河新气象

　　津湾广场位于海河沿线，是解放北路历史文化街区的外延部分，也是展现当代天津国际化大都市形象之地。它毗邻解放桥，东接赤峰桥，与天津火车站、世纪钟广场隔河相望。鲜明的法式风格建筑、独特的空间体验，使其成为感受

欧式风格建筑群,位于天津市和平区滨江道1号,一期工程始建于2008年,二期工程始建于2010年。总占地面积为12.5公顷,建筑面积约为76万平方米。

天津百年历史与当代城市面貌的窗口。

　　津湾广场作为天津城市的标志,是一座融现代及欧式古典风格建筑为一体的高端商业聚集区和城市广场,也是天津第一座24小时"不夜城"。造型独特的国图·津湾文创空间、津湾大剧院等均坐落于此。整个津湾广场的建筑风格与周边原法租界内的历史建筑协调一致，是天津沧桑岁月与时代进步的缩影。作为"不夜城"的津湾广场，广场的夜景可谓是震撼至极，是外地游客和本地居民观赏海河夜景的首选地。

1996 年津湾广场建设前的海河两岸

建成后的津湾广场

广场建筑的窗楣

2007年，天津市政府逐渐拆除海河沿岸的旧建筑，计划修建津湾广场，并保留了百福大楼及原法国俱乐部（现为天津金融博物馆），经过两期的工程建设，成就了如今这组如诗如画的建筑群。百年前繁华的河畔，在重新规划下再度发展起来，成为当今天津的标志性区域，续写跨越百年的商业辉煌。

津湾广场在整体空间关系的处理上，尤其注重人、建筑、广场三者之间的比例与尺度，充分考虑到人群流动线与游客的观赏视线。建筑群底层的柱廊大都做

成开敞式，与广场自然衔接，简洁又统一。俯瞰整个广场，法国曼塞尔式的红瓦屋顶呈多方向组合，显得灵动精致，富有强烈的节奏感；塔楼曲线柔美，形态动人。在建造上，大量运用钢、玻璃及玻璃幕墙等现代建筑材料，与石材等古典材料形成对比，既展现出现代技术水平和材料性能的提升，又映射出整个街区的历史演变。建筑的细部装饰也十分讲究，窗的类型、形状及窗楣的形式变化多样，又和谐统一。建筑细部对装饰纹样的简化处理，将欧式古典建筑中烦琐的装饰花纹和线脚转化为棱角分明的几何图形，更加贴近现代审美需求。

总的来说，津湾广场完美融合了新时代建筑的理念，又充满旧时代的历史记忆，集近代建筑的多种风格及要素于一身。

高楼林立的津湾广场

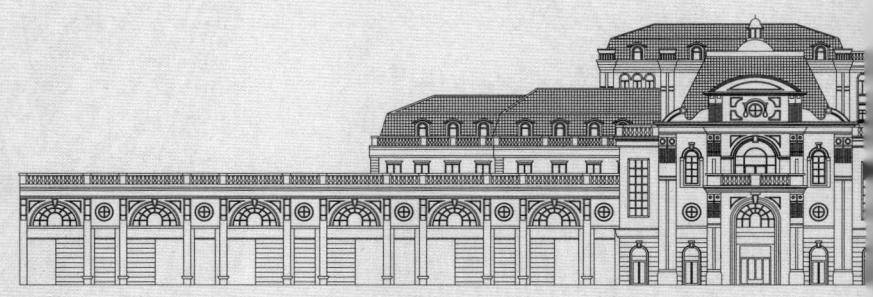

津湾广场外立面

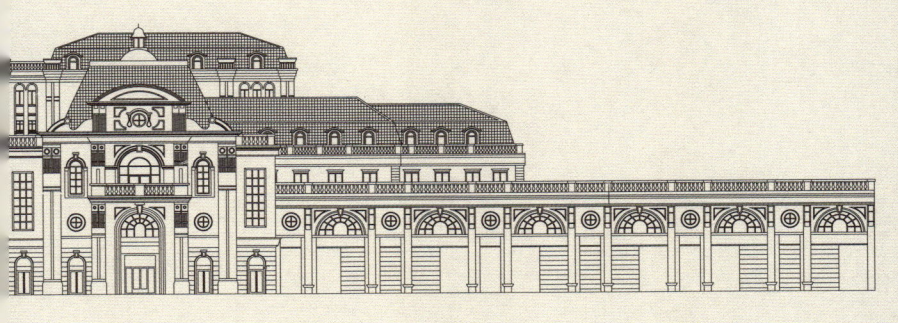

HOW TO READ TIANJIN

FERRY CROSSING

后记

1404年12月23日，天津筑城设卫，是中国古代唯一拥有确切建城时间的城市。2022年，她即将迎来618岁生日。

孟夏时节，风暖蝉鸣，我们一众出版人齐聚一堂，筹划出版"阅读天津"系列口袋书，旨在贯彻新发展理念，挖掘地域文化，突出趣味性、故事性、通俗性，以"小切口"讲好天津故事，反映新时代人民心声，为城市献上一份贺礼。大家各抒己见，同一座城市却有着不同的关键词：海河岸广厦高耸，滨江道游人如织，这是一座"繁华"的城；古运河舟楫千里，天津港通达天下，这是一座"开放"的城；老城厢幽静雅致，五大道异域风情，这是一座"包容"的城；相声茶馆满堂彩，天津方言妙趣生，这是一座"幽默"的城……

倘若一座城市内部千篇一律，必然乏善可陈。不同的关键词，恰好表明天津城市图景具有多样性和丰富性，蕴藏着广阔而灵动的书写空间。然而，究竟从何处下笔为好？

我们又陡觉茫然。

　　著名作家冯骥才先生曾说："评说一个地方，最好的位置是站在门槛上，一只脚踏在里边，一只脚踏在外边。倘若两只脚都在外边，隔着墙说三道四，难免信口胡说；倘若两只脚都在里边，往往身陷其中，既不能看到全貌，也不能道出个中的要害。"

　　想来颇有道理，大家要么是土生土长的老天津人，要么是迁居多年的新天津人，早已"身陷其中"，真有必要迈出门槛，重新"远观"这座熟悉的城市。远观之远，非空间之远，乃心理之远。于是，我们计划佯装游客，尽量卸下自诩熟稔的"土著"心态，跟随熙熙攘攘的旅人，再次探寻天津。

　　漫步五大道，各式各样的洋楼连墙接栋，百年前多少雅士名流、政要富贾寓居于此。骑行海河畔，一座座桥梁飞架两岸，一桥一景，风格各异。游逛古文化街，泥人张、风筝魏、崩豆张等天津特产琳琅满目，坐落街心的天后宫庄严肃穆，漕运兴盛时水工船夫在此会聚求安。徐步杨柳青，古镇曾经"家家会点染，户户善丹青"，年画随运河水波，销往各地。落座津菜馆，晋蹦鲤鱼、煎烹大虾、清蒸梭子蟹、八珍豆腐，"当当吃海货，不算不会过"道出天津人对河鲜海味的偏爱。驱车观海滨，天津港货船繁忙，东疆湾海风拂面，大沽口炮台遗址见证了中华民族抵御外辱的不屈意志，被称为"海上故宫"的国家海洋博物馆收藏着无穷的海洋奥秘……

　　数日游走，一行人深感佯装游客也是一件力气活儿，哪怕再花上三五天也游不完这座城。旅途的尾声，我们选择登上"天津之眼"摩天轮，将大半座城市的繁华尽收眼底。座舱缓缓升至最高处，眼前的三岔河口正是海河的起点，所谓"众流归海下津门"，极目远眺间，心中豁然开朗！"举一纲而万目张，解一卷而众篇明"，近在眼前的海河不正是那"一纲""一卷"吗？上吞九水、中连百沽、下抵渤海，我们数日以来的足迹，似乎从未远离过海河！

从地图上看，海河水系犹如一柄巨大的蒲扇铺展在大地上，其实她更像是这座城市庞大而有力的根系，将海河儿女紧紧凝聚——城市依河而建，百姓依河而聚，文化依河而生，经济依河而兴。

经过反复讨论，我们决定推出"阅读天津"系列口袋书第一辑"津渡"，以海河为线索，串联起天津的古与今、景与情，讲述海河历史之久、两岸建筑之美、跨河桥梁之精、流域物产之丰、沽上文学之思……

众人拾柴火焰高。在出版过程中，感谢中共天津市委宣传部的谋划和指导，践行守护城市文脉的责任担当，鼓励我们打造津版好书；感谢冯骥才、罗澍伟、谭汝为、王振良先生，为我们指点迷津，完善策划方案；感谢"津渡"的每一位作者、插画师、摄影师、设计师，付梓之时，更觉诸位良工苦心。

最后，感谢抚书翻看至此的读者！甲骨文的"津"，字形像一人持篙撑舟，我们也期望"津渡"犹如一叶扁舟，载着读者顺水而下，遍览一部流动的城市史诗！

"阅读天津"系列口袋书出版项目组
2022年9月

建筑资料整理：张　珑　张应滔　吕　晨　王　蒙
　　　　　　　宋林芝　张修铭　白如冰

建筑示意图绘制：吕　晨　王　蒙　张修铭　白如冰
　　　　　　　宋林芝　张应滔　张天朔　陈贵君
　　　　　　　于锐坤　胡　雷　王　浩　张晶璐
　　　　　　　王美琪　杨逸荻　王鸿凯　周轩丞
　　　　　　　龚月姿　尹龙龙　王　璐　张玉涵
　　　　　　　孙鑫海　刘　琦　李镓煊

照　片　拍　摄：天津师范大学美术与设计学院环境设计团队　张　建
手绘路线图绘制：李吉吉